# 木混材設計聖經

木種選用╳工法施作╳空間創意，
木與多種材質混搭應用提案

# Index

# Contents

# 1.
Chapter

認識
木素材

圖片提供©9 STUDIO 九號室內裝修

# 木素材特性及應用 ———

## 實木
### 天然紋理散發
### 獨特香氣

用整塊原木所裁切而成的木素材稱作實木,天然的樹木紋理與不同木種的質感顏色,也可搭配各類材質而呈現出多元面貌,且散發原木的天然香氣。而木材能吸收與釋放水氣的特性,具有維持室內溫度和濕度的功能,進而打造健康舒適的居住環境。

坊間木業或木材廠商,主要販售整塊未拼接的實木材,大多是可作為桌面、椅凳和電視櫃等傢具的厚板。實木地板和裝飾用木皮板則各由其他廠商加工出品。實木保養塗料分為三大類:護木油、蠟及保護漆,透氣度和散發原木香氣程度漸次遞減;光澤則是漆面高於護木油,再高於蠟;保護程度則是漆面最高,最耐污損碰撞。只要是面材是天然木料的產品,不論是否為拼接,塗料的選擇和保養其實都是相同的。

地板採用鋸痕柚木實木板,比起一般常見光滑的表面更有樸實的手感,增添溫暖親和的氣息。圖片提供@僕人建築空間整合

**實木製作流程**

1. **採集運送**：從林地採收木材，搬運至木材加工廠。

2. **裁切**：對原木進行初步裁切，去除枝節，留下主幹。

3-1. **天然氣乾**：將原木堆放在戶外或空氣流通處，透過日照或氣流，讓原木中的水分自然蒸發，最少需經六個月。

3-2. **人工乾燥**：將完成天然氣乾的木材，放入能控制溫度濕度的人工乾燥室，使原木表面與內部含水率平均降低。經過人工乾燥處理的木材，仍須在通風環境放置相當的時間，進行「回潮」程序，使木材適應一般空氣的溫濕度，加工時才不易捲翹變形。

4. **表面刨光**：將乾燥處理後的木材，進行表面打磨拋光程序；並視需求裁切加工為板材或傢具。

**優點／缺點**

　　沒有人工膠料或化學物質，只有天然的原木馨香／價格高昂，抗潮性差，易膨脹變形。

圖片提供＠青松木業

**主要種類說明**

**木地板**　質感溫潤的木地板，可分為整塊實木型以及複合式實木地板（又稱海島型木地板）。地板的價格，主要是以上層用的木材及表層木皮的厚度來決定的，油質高、抗潮性較佳的樹種如檜木、紫檀木及花梨木等，相對價格較高；而櫸木、橡木、楓木等抗潮性較差的樹種，價格較低。由於台灣的氣候較為潮濕，實木抗潮性差容易膨脹變形始終為其缺點，因此目前在市面上較多見的多為海島型木地板，價格較實木地板便宜，抗潮性佳也特別適合潮濕的台灣氣候。

| 種類 | 實木地板 | 海島型實木地板 |
|---|---|---|
| 特點 | 1.整塊原木所裁切而成。<br>2.能調節溫度與濕度。<br>3.天然的樹木紋理視感與觸感佳。<br>4.散發原木的天然香氣。 | 1.實木切片做為表層，再結合基材膠合而成。<br>2.不易膨脹變形、穩定度高。 |
| 優點 | 1.沒有人工膠料或化學物質，只有天然的原木馨香，讓室內空氣更怡人。<br>2.具有溫潤且細緻的質感，營造空間舒適感。 | 1.適合台灣的海島型氣候。<br>2.抗變形性能比實木地板好，耐用且使用壽命長；抗蟲蛀、防白蟻。<br>3.減少砍伐原木，且基材使用能快速生長的樹種，環保性能佳。<br>4.表皮使用染色技術，顏色選擇多樣，更搭配室內空間設計。 |
| 缺點 | 1.不適合海島型氣候，易膨脹變形。<br>2.須大量砍伐原木不環保，且環保意識抬頭，原木的取得不易；易受蟲蛀。<br>3.價格高昂。 | 1.香氣與觸感沒有實木地板來得好。<br>2.若使用劣質的膠料黏合則會散發有害人體的甲醛。 |
| 價格 | 依木材的種類及尺寸不同，大約NT.5,000元～30,000元／坪 | 依木材的種類及尺寸不同，大約NT.3,000元～15,000元／坪 |

**風化板**　風化板是利用噴砂或滾輪狀鋼刷，磨除紋理中較軟部位，增強天然木材的凹凸觸感。其實每種木種都可以作為風化木，以質地較軟的木材為大宗。市面上可見到梧桐木、南美檜木、雲杉、鐵木杉、香柏等木種在市場上流通。

風化板的屬性與實木木料相同，一樣怕潮濕、怕溫差變化過大，所以較適合貼覆於室內乾燥區塊的天花板、壁面、櫃體或桌面。較不適合作為地板，踩久或傢具壓覆其上易造成凹痕，凹凸紋理也易藏污納垢。風化板可上層保護漆或透明漆，較不易因毛邊刮傷自己。在清潔上，建議使用軟毛刷清潔表面凹痕，來維持風化板的整潔。

**戶外材**　戶外材是指可使用在室外環境，經得起風吹日曬雨淋的木材，作為戶外傢具，或是欄杆、露台棧板等景觀設施。大多選用經過化學防腐處理的木材（例如南方松），或含油高、硬度和密度高，穩定性高不易變形，且不需經防腐處理的天然木材。

具有戶外材條件的，多為產自熱帶區域中的樹種，在台灣最常見的頂級選擇是緬甸柚木，油脂含量高且穩定性一流，甚至可抗海水刷蝕，成為遊艇甲板的唯一選擇，雖然價格不斐，卻可用上數十年；其他常用的天然戶外材，壽命也可達十年以上，較南方松高出三四倍；包括：鐵木（包括太平洋鐵木及婆羅洲鐵木）、南洋櫸木、土垠木、斑檀木、香二翅豆木、莫拉木、蘇比勒木等。

💬 **選購叮嚀**

1. 由於木材來自世界各地，貨源分散，因此各木業、木材公司進口的木材方向也會有差異，例如以進東南亞木種為大宗的可能較少北美木種，也有專攻少數特定木種的公司。實木商以提供大塊木材產品為主，傢具訂製服務大多限於造型簡單的桌板、電視櫃等，需要較精細加工的木地板、企口板等通常由其他廠商製作。

2. 注意木材往往有許多不同名稱，學名、俗名、市場名等等，特別是常有為了好賣而張冠李戴的情況，例如非洲柚木其實是大美木豆等等，最好稍加了解，避免詢價時被混淆。有些珍稀的木頭，事實上因禁採已經鮮少在市場上流通，例如台灣肖楠木和台灣檜木，假貨充斥，有時連進貨的廠商都不一定分辨得出來，不要貿然選購。老牌有信譽的實木商，會比坊間傢具製造零售商、設計師和木工師傅更了解木種差異和特性，實地造訪很快就能理解質感差異。

3. 購買製材，通常單價是以「才」來計算。「才」是一台尺（30.3cm）x一台尺（30.3cm）x一台寸（3.03cm），訂製傢具在接到報價後，除了檢視木樣是否為預約木種，也應就木種詢價，換算所需材積和工資之後就知道報價是否合理。使用天然實木板或木皮要注意板材數量要一次進足，由於每批板材的商品顏色都會有些微差異，再進貨時要事先估算好足夠的數量，避免二次進貨導致紋路色澤不同，影響整體美觀。

造型樸實、質感溫潤的茶席臥榻，選用老松木作為框架，中間鋪設苗栗苑裡出產的手工編織藺草墊，冬暖夏涼。圖片提供◎僕人建築空間整合

# 實木貼皮
## 木質感空間的
## 絕佳推手

整塊天然實木價格高昂，加工不易，在一般裝修及傢具的領域，最常遇到是實木貼皮，也就是將厚度不到數釐米的木皮貼在壁面、天花板或傢具上，創造出自然的木質效果。

傳統木皮製造是直接從原木刨切木皮而成，色澤及紋路都與實木無異，現在因應市場需求有更多樣的加工產品，例如鋼刷的風化木、鋸痕、煙燻、染色等，甚至還有集成材面的木皮；就木紋即可分成「天然木」與「人造木」，人造木是以後製加壓而成的木料，紋理和色調可人為控制，木紋走向較為一致，一般多採的「順花拼」的方式貼皮。而天然木皮為自然生長無法控制，木紋線條較難預期，多採「合花拼」的方式貼合，以平整體的視覺效果。

木皮以天然實木製成，保有木材原始的色澤和紋路，若選用較厚的木皮產品，甚至可以有實木板的觸感。山胡桃木皮保留白色的邊材，與心材深淺交錯，作為裝飾壁面比規則線條來得生動，饒富變化。圖片提供◎立大興業

**環保塗裝木皮板製作流程**

1. 裁切原木：將原木以H形鋸成5個部分。

2. 角材刨切成木皮：取裁切後的上下兩塊木料，依需求厚度材25條（0.25mm）到200條（2mm）都有。

3. 將木皮背面塗膠貼附於素面底板上：底板厚3mm～24mm，尺寸122cm X 224cm～304cm。

4. 上漆塗裝：可上透明環保漆或推油處理。

左(雞赤木實木拼)、右(幸福樹實木拼)，木皮產品發展至今已有自黏木皮，也有廠商在工廠預製木皮板，將木皮貼在環保材質壓製的底板上，甚至有表面也塗裝完成的，無需現場施作貼皮或上漆，更省時環保，也較能確保品質。圖片提供©立大興業

**優點／缺點**

　　厚片木皮可以用較低的價格創造出實木質感／現場施工需依賴木工師傅手藝，黏貼木皮使用的黏膠是主要的甲醛來源，要注意黏膠或板材是否符合環保規定。

傳統木皮染色會受到木材原色影響，效果不盡理想，現代水染木皮技術使用水性溶劑褪去木材原色，再以水性染劑上色，可以隨心所欲變換色彩，不影響木紋，為裝修市場帶來更豐富的選擇。圖片提供©立大興業

# 集成材
## 應用廣泛的
## 新趨勢建材

近十年來集成材被大量運用且十分廣泛，可說是木素材使用的必然趨勢。主要原因是森林砍伐限制，原木頭取得不易；其次是相較需耗費多年時間長成的大塊實木，集成材利用多塊木料接成，加工快速，延伸性高，且木頭損耗低可降低成本，因此無論在裝修、傢具或建築上，甚至裝修用的角料也多是集成材。

廣義的集成材可分為由較大塊單種實木柱拼接成的直拼板，以及由單種或多種更小塊的木料組合成的集成材。「單種木料直拼板」，講究木紋和色彩相近，是整塊實木板的最佳取代者，常用於傢具桌面；「集成材板則木料」一致或混搭皆可，厚薄尺寸也多樣，從作為數釐米的做天花板、壁板到好幾寸的作為傢具櫃體、桌面都有，由於集成材性質相較整塊實木穩定不易變形，近來更有集成材做成的結構柱。

任何木種都可製成集成材，常見包括柚木、松木、北美橡木等，集成木料越寬、越厚，成本也越高。早期集成材都由榫接將有限木料拼接成較大木板之用，而現今則多是以膠水結合取代。集成材的保養與實木相同，用於室內可以護木油或保護漆保護；若使用於戶外則必須以室外用護木油塗裝，或經防腐處理。

木地板選用三種花色，一深一淺拼出生動撲面；而牆面木皮染成接近地坪的顏色，兩兩成對地斜拼出千鳥紋。圖片提供©森境+王俊宏室內裝修設計工程有限公司

**集成材製作流程**

1. 採集運送：從林地採收木材，搬運至木材加工廠。

2. 裁切：對原木進行初步裁切，去除枝節，留下主幹。

3-1. 天然氣乾：將原木堆放在戶外或空氣流通處，透過日照或氣流，讓原木中的水分自然蒸發。

3-2. 人工乾燥：將完成天然氣乾的木材，放入能控制溫度濕度的人工乾燥室，使原木表面與內部含水率平均降低，經過乾燥處理的木材，加工時才不易捲翹變形。

4. 表面刨光：將乾燥處理後的木材，進行表面打磨刨光程序。

5. 強度測試：以木槌或鐵鎚敲擊木板的一側，利用麥克風收音，將音波資料傳入傅立葉頻譜 分析儀，分析縱向共振頻率，測試木材的均質程度，非破壞性分等。這個步驟多用於結構材分級檢測。

6. 木材分級：透過非破壞性分等，依彈性模數高低將木材分為內層用、外層用與等外材。等外材不用於結構用途，而轉為裝修用途。

7. 去除缺點：將木材的木節等缺點去除，並裁成均質的木塊或木條。

8. 指接佈膠：將木條一側裁成鋸齒狀，塗膠黏合，接合處就像手指交叉的樣子，能增加密合強度。使用的接著膠依據集成板材的木種與用途而有所不同。

9. 指接接合：對膠合的板材施加壓力拼合，達到所需壓力就停止，使之更為密合。

10. 檢驗指接強度：在集成板中間加壓，測試指接強度與拉力。

11. 層積膠合成結構用中大截面構材：將經過品質與強度區分後的集成元木薄板，使用結構用膠合劑，以適當的層積壓力，將集成元膠合成結構用中、大斷面構材。

**優點／缺點**

　經濟實惠，價格較整塊實木低廉／黏膠品質影響耐用程度，同時也較有甲醛過量的疑慮，選購時必須注意是否符合綠建材規範。

# 二手木
## 兼具環保和風格的選擇

工業風愛用二手老件，甚至復刻仿舊品都頗受歡迎；過去通常價值不高的舊窗框風、門片，現在成為搶手的風格素材真品。
圖片提供©W2 woodwork

許多人喜歡木材質的觸感溫潤，健康自然，但全新實木的價格較高，二手木材成為經濟考量下的首選。二手木材的來源，主要為舊房屋樑柱、門窗、木箱、棧板、枕木等，大多來自台灣本地，因此常見的木種為台灣檜木、栂木、柳安木、楠木、樟木、福衫、烏心石、台灣肖楠等，且較少大塊完整實木。

經過除釘、刨除表層氧化和髒污部分後，質感可幾乎與新材無異，且穩定性更高，不會有突然龜裂的問題。如台灣檜木，但在禁伐的規定下很難買到新材，二手價格卻便宜個三到五成，是環保又划算的選擇。但由於未整理的二手木表面不平整，尺寸不一，直接使用往往耗費更多人工，不具得達到節省預算的目的。二手木材也能如實木一樣加工為拼板和集成材，還可選擇不清除漆面或保留釘孔，成品表情多樣應用層面更廣；也可用鋼刷加工，做成風化木，但有些二手木自然磨損，不需加工即有風化木效果，看起來更加自然。

牆面採用樵夫古木，為陳年舊船板回收，歷經歲月洗禮，木質穩定，色澤醇厚，每塊都不盡相同，表情多樣。圖片提供©僕人建築空間整合

## 優點／缺點

質地穩定，價格較新材便宜，未經修整的二手木可做風格素材／幾乎沒有整塊實木，有些木料香氣因歲月已變淡，可選擇的木種有限。

# 合板類板材
## 無所不在的
## 基礎建材

　　當現代鋼筋水泥建築取代傳統磚木構造，建材也追求高效率工業化製作產品。合板類建材在原木資源成本日益提高，大板面取材不易的情況下，因應市場對室內裝修的需求而生。木材由於具有異方性，所以常有翹曲變形開裂，隨乾濕而收縮膨脹等各種缺點，為防止這些缺點，將捲切法製成的單板，按木理方向垂直交叉重疊膠貼，再以熱壓機壓製，即為合板（或夾板）；還有更加厚實的木心板，以及木屑壓製的粒片板和纖維板，都是普遍的合板類板材。現今的室內裝修，大多數是以合板與實木組合製成，如大面積的辦公桌、餐桌桌面、櫥櫃的側板、門板等，時常是合板外貼實木皮製成。

夾板面材通常為松木或樺木，挑選紋路美觀的板子，不批土上漆或貼皮，也可直接作為完成面。設計師在各空間相交的三角地帶，設計以盤轉（Twist）的手法將量體以平行的向度旋轉的餐桌兼書桌，將動線做形式上的轉換，依使用需求由窄放到寬，表達強烈的空間交會概念。圖片提供©KC design studio 均漢設計

**優點／缺點**

　　不受木材「異方性」的影響不易開裂變形，可製成不同規格尺寸，方便加工／夾板類製作榫接受到較多的限制、各層之間有膠合劑，加工鉋削時易於磨損、受潮時易膨脹變型而鬆裂。

主要種類說明

3分板

木心板

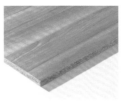
粒片板

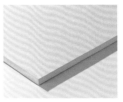
纖維板

## 夾板

最常見到的合板，是由三片單板膠貼而成，最上層為面板，材面較佳，中層為心板是較差的單板，最下層為裡板，材質次於面板，合板的厚度由3mm～30mm，超過15mm厚度時，通常增加心板層數，同樣地按木理方向垂直重疊膠貼，但必須是奇數層，以使最上層與下層的單板同一木理方向，有五層、七層、九層。

市面上的夾板還有出廠時已貼好實木皮的貼皮夾板、印刷美耐皿皮紙的波麗板，可直接使用加工，不需現場貼皮，木作外觀水準一致，十分方便。夾板可噴刷塗料，如防火樹脂層美耐皿層為防火板，聚酯塗料為麗光板或保麗板，表面光亮，不耐撞擊，亦可利用切割組合藝術壁板，因麗光板耐水性不高，不可用在潮濕處如洗面盆檯面。

## 木心板

木心板為上下外層為約0.5mm的合板，中間由長寬不等但厚度一致的木條拼接，佈膠後施以熱壓，壓製而成。且根據中間拼接木條木種的不同，其堅固程度也有落差，一般市面上可大致分為較鬆散的麻六甲及較堅硬的柳安芯兩大類。

木心板耐重力佳、結構紮實，五金接合處不易損壞，具有不易變形之優點，而其價錢通常較合板便宜。與夾板一樣，目前也有各種表面加工貼皮的產品。雖然過去木心板最為人詬病的地方，在於中央木條接著劑甲醛含量較高，目前對於建材環保要求相對嚴格，採購時應留意產品檢驗是否符合相關規定。

## 粒片板

粒片板又稱塑合板，是利用木材攪碎成木屑，摻上膠合劑後以高溫高壓製成。粒片板可用於製造傢具、櫥櫃、裝潢壁板等，是系統櫃的主要基材，台灣本地主要廠牌都是由歐洲進口塑合板，表面貼印刷美耐皿紙，或是美耐板，也有少數實木貼皮產品，必須以PVC膠條封邊，一般少見於現場木作。由於板材主結構完全由木屑膠合而成，雖不受木材異方性影響，卻有甲醛及遇濕膨脹的問題，因此採用重點在於符合國家標準的板材，如CNS2215的合格規定甲醛含量F3級（歐盟E1級）以上，吸水膨脹率12%以下的產品，並且避免在衛浴、廚房流理台下使用。

**纖維板**　　稱為「纖維板」的板材事實上有許多種，粒片板其實也屬於其中之一，市面上最常見到的大概可分作為三種：逐漸被淘汰的俗稱「甘蔗板」的低密度纖維板、MDF（Middle Density Fiber）中密度纖維板和最近越來越流行的OSB板（Oriented Strand Board），定向纖維板或定向粒片板。

　　MDF在外觀上與其他種纖維板或粒片板較為不同，以精製過的木纖維壓製成，密度高且表面平整，幾乎不需要批土就可直接噴漆，壓製時也能製成各種花樣的浮雕或用CNC雷射雕花，可塑性高，用在牆壁嵌板或隔間材料時，更顯精緻華麗；沖孔的MDF也是普遍使用的隔音材。

　　OSB板相較於粒片板，木屑較大，交錯疊合，壓製需要的膠量較粒片板少強度卻很高。一般居家裝潢需要用到OBS3等級的板材，表面塗有石蠟，較為平滑且防潑水。然而不論哪種纖維板都不宜用在室外或潮濕地方，以免受潮濕使纖維板軟化膨脹而彎曲變形，甚至發霉影響環境健康。

**企口板**　　企口板構造呈細長型，在兩側有一凸一凹接口，由於企口板拼接完成面會有裝飾效果的溝槽線條，因此常用於牆面或天花的面材修飾，不只可整面鋪貼，也可作為腰牆為空間帶來變化，鄉村風居家空間經常可見。材質多樣，除了整塊實木外，面貼天然木皮夾板和貼印刷花紋皮紙夾板兩種也十分常見。若想用於潮濕區域，也有塑膠材質可供選擇。

　　實木企口板的厚度及木種會影響其價格，實木貼皮的企口板是較為實惠的選擇，常見的貼皮樹種有日本檜木，台灣檜木，栓木，鐵杉，柚木，胡桃木、日本白橡木，台灣雲杉木等。

天花選用柚木，並以企口板拼接而成，企口板優點為解除板材表面的單調無變化，且由企口間距及溝槽變化產生更美的感覺。圖片提供◎僕人建築空間整合

🍃 **選購叮嚀**

1. 各種木素材加工品，都是由專業廠商製造，經建材商經銷至各裝潢現場，除非特殊訂製品或大量使用，較少直接向製造商訂製。加工品的尺寸樣式通常都固定，然而實務上由於夾板類常會有產生因為以傳統的「1分」、「2分」記板材厚度，貨到換算卻厚度不足而產生糾紛，因此最好以公制「mm」標示比較妥當。

2. 自97年起經濟部標準局檢驗局規定，板材甲醛含量要符合F3級（E1級）以上，甲醛含量（1.5mg/L以下）才能用於室內裝修、系統傢俱、室內傢俱，選購時不要購買到低價的劣質品。

# 異材質搭配常用木種 _____

01
／
檜木

　　木種包括台灣紅檜及台灣扁柏。扁柏生長速度慢，質地較硬，俗稱「黃檜」，價格較高，常見於樑柱；與扁柏相比，紅檜木料顏色偏紅，且木質較為鬆軟，因此多用於裝修板上，如壁板、天花板，早期傢具商也經常使用紅檜貼皮增加質感。台檜香氣也相當迷人，紅檜味道聞起來較扁柏來得香甜輕柔，加上本身天然紋理優美，質地溫潤，經過刨光處理就相當漂亮，也能依照喜好進行噴砂、染色、碳化等表面處理，常見於搭配石材的日式風格或搭紅磚的台式復古風。

　　由於台灣檜木產量有限已禁止開發，市場大多為庫存且價格不斐，目前流通較廣的紅檜，應屬「北美紅檜」，與台灣紅檜相比，無論色澤木紋、質地重量，與香氣都十分相近，唯香氣較淡、質地較鬆，亦是深受喜愛的木料之一。市場上還有越檜及寮檜兩種木料，它的學名是福建柏，為柏科針葉樹，與檜木同科但不同屬，福建柏的木紋與台灣檜木相近，差別是木頭氣味不同，也常作為台檜的替代木種。

在檜木上鋪柏油，做為屋頂下方隔熱材，本就特異的模樣，當做空間主視覺，起了最佳裝飾效果。圖片提供©雲邑設計

02
／
日本檜木

日本檜木屬於扁柏科，日文為ヒノキ，雖然日本人也用此名稱稱呼台灣扁柏，但原本專指日本扁柏。由於國人對台灣檜木的喜愛，本地又取材不易，所以氣味和質感接近，且有系統人工栽植的日本檜木變成實惠許多的選擇。而此樹種觸感軟，赤腳踩踏十分舒適，然而不耐重壓碰撞，必須考量生活習慣才能採用檜木地板，西式傢具和穿鞋都不適合使用；雖然因檜木香氣怡人，普遍被用在衛浴，但防腐效果再好的木材，長時間碰水還是會使木材快速腐壞，除非可時常更換，否則建議使用在壁面和天花板，就可因蒸氣蒸熏帶出香氣。

因為產地和樹種的不同，日本檜木色澤稍微偏白，質地較台灣檜木偏韌，氣味也沒那麼濃郁。圖片提供◎一郎木創／住工房

屬於馬鞭草科柚木屬的植物，產地為緬甸、印尼、泰國、婆羅洲、爪哇、印度等，其中以緬甸出產的品質最佳。柚木枝幹粗壯，生長緩慢，材質細密，成材需要較長的時間，木材富含有油脂，紋理通直，木肌稍粗，邊材為黃白色，心材色澤偏暗褐，但因產地不同而有些色澤上的差異，搭配質地細緻的金屬如黃銅、不鏽鋼和水泥感覺沈穩卻平易近人。

心材的年輪明顯細密，乾燥性良好，耐久性高且收縮率小，木質強韌，對菌類及蟲害抵抗力強。在歐美多用於室外傢具，而高級遊艇甲板皆一律採用柚木，其抗蝕耐用的程度可見一斑。且柚木適合高溫高濕的氣候，因此深受台灣市場的喜愛，用來製作室內傢具、地板等用途。

現在可進入台灣市場大多是印尼柚木加工品，緬甸柚木原木極為少數，僅有數家特定原木商有貨源，因此亂象很多，以他種木頭冠上柚木名稱（例如非洲柚木其實是大美木豆），或以他種木材染色謊稱為柚木的情況屢見不鮮，選用時要格外小心。

柚木高油脂不易變形，經得起風吹日曬，適合用在室外陽台。雖然經久耐用，因為價格較高，除了私人住家庭院，一般公共空間較少使用。圖片提供◎僕人建築空間整合

玄關衣帽間選用柚木實木格柵，日式格柵造型兼具通風和美觀，與黑色月光石搭配帶來沉穩調性。圖片提供◎僕人建築空間整合

04
/
橡木

又稱為柞木，屬闊葉木一種，大多運用在高級木器、傢俱、木桶或櫥櫃上，也經常被用來製造成樂器，於室內設計多用於地板、牆面、門片等，紋理呈直紋狀，大多用在現代風格的作品，搭配亮面材質如金屬，或是水泥。

此木種具有相當良好加工性，無論染色或特殊處理都能有不錯的效果。相較其他顏色較深的木種，橡木無論白橡、黃橡或紅橡，上色性極佳，也能進行雙色染色，例如先將毛細孔填入顏色後，再染上第二種顏色，讓木材呈現填白染灰等不同質感。此外，染深、煙燻、鋼刷等表面加工方式，也都能在橡木上操作出不錯成效。

橡木質地硬沉，樹木砍伐後，乾燥過程中水分較難脫淨且容易彎曲，因此要乾燥過程要十分注意小心。使用橡木切忌尚未乾透即用於施工，完工後很可能一年半載即開始變形，此點無論用於傢具或裝修都必須注意。

染灰橡木地板與水泥牆面和天花板融為一體，木地板的走向搭配玻璃隔間使得空間有無限延伸之感，點綴暖色傢具凸顯居家本質，表現屋主俐落低調卻堅持自我的本色。圖片提供©KC design studio 均漢設計

## 胡桃木

多產於美國東部，木材比重、硬度、強度與剛性都較大，從十六世紀開始深受人們喜愛，不僅運用在傢具、小木器製作，近來也廣泛運用於家居設計中，因其歷史背景帶來的復古風味，除了適合用於自然鄉村風空間外，運用在現代風格的空間中，搭配黑色金屬或鏡面，有種新舊混搭、跨界演出的氣息。

胡桃木的色澤與深淺不一，有的偏紅、有的偏黑或偏白，顏色越深者，木花的顏色也會較深，弦切面所呈現的山形紋也會更加明顯。由於胡桃木的硬度高、剛性大，相對的韌性則較差，山形紋實木板使用於壁面時，常有日後變形的困擾，建議可依照使用處不同，採用不同底材與加工方式，在大面積裝修時，可採用實木貼皮加上夾板處理，儘管會增加厚度，但給人的觸感會較紮實，且接近實木；如果運用在細部，如門框，就建議採用不織布胡桃實木皮，其薄度可讓摺角地方處理更較細膩服貼。

1. 採用胡桃木打造拼花面板,古典雙開門和餐櫃,傳統陶磚等元素,搭配簡潔流線的弧形天花板造型,精鍊卻不冷調的銅色廚房,以暖色系串起異材,融合出獨一無二的氛圍。圖片提供©KC design studio 均漢設計

2. 空間三面採用拼花板視覺上讓空間延伸擴大,而利用胡桃木邊心材色彩落差大的特質,製成復古拼花,比起傳統的拼花更加立體且存在感強烈。圖片提供©KC design studio 均漢設計

1.

2.

　　杉木種類繁多,如雲杉、冷杉、美西側柏(俗稱美國香杉),以及台灣特有種的台灣杉等。台灣杉質地類似台灣紅檜,木質較為鬆軟,且本身具有耐腐朽性,早期經常用在易潑雨的建築外牆做魚鱗板或木門等,而雲杉一般用於製作響板、鋼琴等樂器。

　　此外,在北美永續林中,雲杉、冷杉等針葉樹種的木材物理特性極為相近,一般被合稱「SPF」,即雲杉(Spruce)、松(Pine)、冷杉(Fir)之集合。由於真正的冷杉數量相當少,而樹齡達三～四百年的冷杉更是罕見且價格高昂,因此,市場上所流通的「冷杉」一般可能為木理特性較接近花旗松等之木料,購買時須特別留意,由於此類木種相似度極高,一般得透過樹種鑑定才能確定。由於烘乾後具有出色的抗凹陷、抗彎曲等特色,且易於油漆、染色處理,穩定性高、價格相對低廉,因此被大量運用於構造與裝修上,適用於各種風格。

1. 燒杉是一種日本的木材處理手法，以直火燒烤杉木板，使其碳化，減少木材的吸水性和蟲蛀的可能，大幅提高木材的防腐及耐久度，常被用在外牆。色材質感厚重、木紋肌理粗獷的燒杉板，搭配洗練的不鏽鋼，材質衝突感呈強烈視覺效果。圖片提供©KC design studio 均漢設計

2. 杉木抗腐朽性強，過去時常用於外牆及條板箱，經年累月使用使得木材自然風化變色。在廚房使用舊杉木板，板材已到達相當的安定程度，不太受濕氣影響，歲月的痕跡使得木板有著如拓荒小屋的粗獷原始風味。圖片提供©KC design studio 均漢設計

1.    2.

—— Point 3.
# 木素材趨勢運用 ——

趨勢 1
## 樹結與風化白邊，保留木最初原始樣貌

早期空間設計偏好木材表面平滑、木紋對比反差低，
講究工整與完美無瑕，但難免使空間整體看起來略顯
呆板單調。現在則是越來越多的人崇尚自然，能接受
木素材上清楚的樹結紋理，或明顯的自然風化白邊。

清楚樹結與自然風化白邊，反而更能保有木最初的自然樣貌。圖片提供◎路裏設計

比起過往追求精雕細琢、完美無瑕的工藝，愈來愈多設計師以展現素材本質肌理為核心理念，摒棄過度加工，不僅還原自然，也更能形塑出空間中的溫暖形象。圖片提供©大紘設計

趨勢 2
## 經典與大膽，
## 重新定義木的使用方式

使用木素材的趨勢可分兩個走向，一是使用原始材質與最基礎的色調，向經典致敬；另外則是強烈調整木頭給人的印象，例如將其染色賦予不同的視覺感，而在形塑經典與顛覆想法的過程中也讓木材使用方式重新定義。

趨勢 3
## 環保意識影響，
## 回歸實木材質的展現

實木一直是最受消費者歡迎的材質，但受到環保意識的影響，近年來減少在室內設計大幅使用，不過面對全球造林技術的提升，以及數位計算等輔助器材，不但大為減少實木取材及使用上的浪費，更能表現出更多元化的自然紋理，使得實木又再回歸設計界。

## 善用回收角材，打造獨有風格

幾年舊木角材的回收運用愈來愈受歡迎，將碎木料重
新壓製亦能為空間帶來鮮明風格；另外以往木材使用
都會經過加工，讓原生、表面有著毛細孔的木材十分
少見，但近年來尋找源頭與環保議題興起，回收木這
類原始粗獷木材作為室內設計使用也蔚為風潮。

保留木材原始樣態，能
在空間中創造獨特趣
味，聚集視覺焦點。圖
片提供©福研設計

以往木材質多是在天地壁之前的交錯運用，然而最近中外設計師紛紛在找尋木頭使用的多元可能性，不再只是平面更是曲度與立體的呈現。圖片提供©9 STUDIO九號室內裝修

## 實用性運用，也為裝飾性角色

木的運用除了過去常見的實木建築結構、純原木傢具之外，越來越多是以不同木皮薄片，運用在天花包覆、主牆風格形塑或局部壁面點綴等。

## BIM數位模組計算，呈現木材質的三維曲線

木材質地較軟，因此塑形性較其他自然建材高，但是在曲線設計上仍有其限制，將原本運用在建築結構計算的BIM數位模組，能突破傳統木材質只能平面或橫向的二維空間呈現，而出現三維立體波浪起伏的曲面結構，讓空間設計的想像更多元化。

# 木作施工不再侷限人工，
# 機器人也來參一腳

木頭的呈現不再只有平面的紋路展現，而有更多想像空間。透過電腦結構計算及數位輔助儀器的串聯，把機器手臂引進室內設計的一環，能突破許多人工無法做到的造型創作。

數位計算與人工智慧等輔助器材，讓木素材的運用，尤其是造型上的發展，更超越原本的想像。圖片提供◎形構設計

# 2.
Chapter

純木
空間設計

圖片提供©僕人建築空間整合

# 特色說明 _____

## 可塑性高的天然材質，讓空間設計自然多元

木素材是所有裝潢材質中最軟且可塑性較高的天然材質，色澤溫潤、觸感溫暖，有的還會散發原木天然香氣，因此受到很多消費者的喜愛。且製成木料後，因具有毛細孔，所以有調節溫濕度的特性，再搭配不同樹種呈現獨一無二的肌理紋路和色澤質感，因而能打造出溫馨舒適的空間環境。但其優點也是其缺點，例如怕潮溼、易變形、容易遭硬物撞傷等等，因此近年來，出現許多木素材加工產品，例如木心板、粒片板或超耐磨木地板等，強化硬度及防潮性。

## 包容性強、加工容易，運用層面寬廣

木素材施作加工容易，無論是塑形或者是表面處理，例如上色、上漆、風化、貼皮等，技術也都發展相當成熟，因此運用層面相當寬廣，包括地坪、天花、壁面或櫃體，甚至製作成傢具，都能呈現出多元風格面貌。

# 施工工法 _____

## 這樣施工&收邊沒問題

· **實木貼皮施工重點：**

1. 擦去施作面上的灰塵粉粒，若有坑洞則可先補土磨平使表面平整光滑後，在施作面塗上黏著劑後黏貼。

2. 不論是哪種實木加工品都有木頭怕潮的缺點，因此在靠近衛浴的區域，要先在木頭表面或隙縫做防水處理，防止日後變形。

3. 建議使用實木板或風化板做裝飾時，可上層保護漆或透明漆，較不容易因毛邊刮傷自己。

- **木地板依照施工方式的不同，可分成三種：**

  1. 平鋪式施工法：平鋪式為先鋪防潮布，再釘至少12mm以上的夾板，俗稱打底板。然後在木地板上地板膠或樹脂膠於企口銜接處及木地板下方。通常以橫向鋪法施作，其結構最好、最耐用又美觀，能夠展現木紋的質感。

  2. 直鋪式施工法：活動式的直鋪不需下底板。若原舊地板的地面夠平坦則不用拆除，可直接施作或DIY鋪設，省去拆除費及垃圾環保費，且木地板也比較有踏實感。

  3. 架高式施工法：在地面高度不平整或是要避開線管的情況下使用，底下會放置適當高度的實木角材來作為高度上的運用。但整體空間的高度會變矮，相對而言，較費工費料，施作的成本也較高。且時間一久，底材或角材容易腐蝕，踩踏會有異樣擠壓聲音或音箱共鳴聲。

- **木地板施工重點：**

  1. 在鋪整木地板前要注意地面的平整以及高度是否一致，建議可先整地，鋪設起來較順利。

  2. 在木地板施工前，地面要先鋪設一層防潮布，兩片防潮布之間要交叉擺放，交接處有約15公分的寬度，以求能確實防潮。

  3. 選用木地板要考慮濕度和膨脹係數，因為這是影響木地板變形的主因。在施作時要預留適當的伸縮縫，以防日後材料的伸縮導致變形。

在櫃體底板設計為圓弧形狀，並讓書架併排在一起，中間用玻璃層板嵌入，在彼此拼排相連的立面，用弧形木條修飾彼此的接口並與櫃體弧形底板相呼應。圖片提供◎形構設計

Point 3.

# 規劃法則 ——————

## 1. 尺寸配比

以長型屋空間為例,為營
造動線的韻律感,因此計
算每個空間串聯的動線,
從中取得一個律動的3度
空間曲度,並且將概念設
計在木作天花板上,且透
過地上的間接照明,達到
空間的光影流動感。

圖片提供◎形構設計

## 2. 施工工法

主牆取用圓形樹幹的四邊廢料，先在地板上拼出想要形塑的客主牆面，再
讓木工師傅用斧頭將多餘樹皮劈開去除後，保留原始紋路，並用不鏽鋼鐵
件框架在牆上，形成不同凹凸立面的特殊主牆。

圖片提供◎大紘設計

## 3. 收邊技巧

一般在處理木皮拼貼，多是同一方向處理，若是遇到直向及橫向交錯時，會設計凹槽線條做斷開方式處理。以天花板的木皮「井」字應用為例，一方面以虛實修飾樑柱外，在木皮紋路的直向及縱向交接處，則採用箭頭般的指向性設計來收邊及轉換，是交會的終點，也是分離的起點。

圖片提供◎形構設計

### 4. 造型創意

為讓開放公共空間十分純粹，
又有視覺焦點，用木板如樓梯
般疊層出沙發量體，並運用沙
發椅背的最上層結構延伸出整
面的書桌木檯面，僅用一片玻
璃桌腳及隱藏鐵件橫向支撐。

圖片提供◎形構設計

case 1

——

空間設計實例解析

# 木腳印 X 稻粉意象，稻映共生的樸實之家

坪數／100坪
木素材／胡桃實木、栓木、
　　　　進口杉木
其他素材／磨石子、珪藻土、
　　　　　花磚、稻桿、水泥砂漿
文／李寶怡
空間設計暨圖片提供／欣琦翊設計
C.H.I. Design Studio

屋主因為孩子就學問題，因此從台北搬至宜蘭，尋找到這樣一間位在田中央的透天別墅。由於屋主崇尚於農耕的自然，希望搭配室外田中央的景象，並期望空間能讓孩子安全地遊玩及學習，所以設計師以古人生活的精神作為整體設計的概念；全建築外牆選用稻稈混水泥砂漿以融於週遭的環境之中。

室內主體平面以象徵「腳印」的弧線刻畫出視覺的動線，並以傳統工法的磨石子施作，讓空間能與在地產生連結。四周大量的落地窗，讓人身處室內就能感受到四周農田環境的四季變化與收作，同時也搭配地暖設備，在採光、自然通風及地暖調節下，改善氣候讓居住環境潮溼的問題。

## 地板展現
### 弧形木地板與磨石子
### 呈現「腳印」意象

為呼應屋主崇尚自然，因此在一、二樓的地板上運用實木搭配磨石子，以「腳印」的弧線刻畫出視覺的動線感及律動。且顧及木地板容易熱脹冷縮的問題，在磨石子中間以不鏽鋼條收邊，搭配地暖設備，即使下雨或冬季也不會感到寒冷，亦可除濕。

## 材質運用
### 用一塊原木剖切成傢具及層板

屋主尋找到一塊約7尺長，直徑約90公分的原始木頭，剖面加工後，運用在餐桌桌面、二樓工作室書桌，以及室內牆上的層板等處，並保留不修邊的樹皮及木頭紋路，只塗上環保漆料，營造樹木延伸的效果。

## 牆面造型
### 弧形把手設計呼應「腳印」

通往二樓的密閉式樓梯，在扶手處設計半旋轉狀的弧形鏤空造型牆面包覆，並在內裡貼上實木皮，與腳印木地板的弧形律動相呼應。全室珪藻土漆調合稻殼磨成的粉末塗抹在牆上，不但調節空間溼度，也營造牆面樸質觸感及視覺效果。

## 木紋拼接

天地不同木紋，
並且拼接工法顯層次

地板使用180X20公分且有木節的寬版胡核木陳列出自然木材紋路、天花板的設計則採用三種不同寬度的白栓木交錯企口拼貼，呈現出線條及律動感。且無論天花板或地板，均以屋長平行方式鋪設，除了視覺延伸效果，大量的純木運用也讓空間感受到樸實氛圍。

**01.**

大門以厚重的實木規劃,並在玄關處的灰色地磚與室內腳印的弧形木地板接縫處,以約2公分的高低落差,區隔出落塵區和室內地坪的差別。

**02.**

為方便清理,廚房檯面採用人造石外,並在流理台立面採用手繪花磚拼貼,營造趣味感。同時在廚具門片及中島立面,亦挑選木紋花色呈現,使空間視覺統一。

03.

03. 餐廳上方保留天花 7 米挑高，讓視覺更加開闊。而由原木切割板材所做成的傢具及層板，怕容易變形，因此厚度需達4〜5公分，承重上也要加強，例如餐桌的鐵件圓弧腳架便量身訂製，同時和弧形木地板相呼應。

04. 運用木天花設計延伸至臥房牆面鋪陳，搭配屋主挑選的實木傢具，或在牆上做圓弧陳列開口，更具樸實自然風格。

04.

# 曲面木格柵系統，
# 提升味蕾外的探索想像

坪數／500坪
木素材／木心夾板、竹
其他素材／鋼構、石材、鐵件、水泥粉光、六角磚、花磚
文／李寶怡
空間設計暨圖片提供／9 STUDIO九號室內裝修

傳統BUFFET空間，單調的取餐動線及擁擠的用餐空間，似乎意謂著再好吃的食材似乎也不過如此。因此業主想要創造一個「新鮮直送、現做即食」的用餐場域，期望能在顧客面前呈現食材的挑選、清洗到製作的自然與健康兩個重要的價值。設計師認為面對這樣的飲食製作概念，大自然是最好的取材。

　　透過如同「蟻窩」的仿生建築設計手法來鋪陳空間概念，機能上切分出取餐的公領域以及用餐的私領域，以降低彼此的干擾。以自然材質如木頭、石材、水泥及鋼鐵等元素呈現，而且為打造出蟻窩的多面向立體曲度，設計團隊將特殊曲面木格柵系統置入空間內，經過數位與結構精密的計算，產生出一種韻律與美感，讓顧客在空間遊走時沒有任何一個視角是重複的、固定的，取而代之的是一種流動與探索的空間體驗，而從視覺到味蕾所散發出來，盡是大自然單純的滋味。

## 材質運用

**曲面木格柵，
並且呈現3D波浪**

　　為了模仿大自然蟻窩的弧形及不規則曲線隔屏，先用電腦精密計算建構載重，用雷射切割木心夾板切出曲線後編號，再用鐵構一支支在室內架起來，中間用二支橋樑卡榫強化，呈現如懸空的3度曲線屏風，營造用餐包廂的氛圍。

**色彩秘訣**

以內高彩度，
外低彩度相呼應

在曲線屏風內的私領域有一種「家」的意象，因此用色上較為活潑。地面有不同色澤的六角磚，而在餐桌椅上有不同顏色所代表的區域範圍，以呼應溫馨的感覺；相較之下，取餐區的公領域則選用彩度較低的材質打造，例如灰色石磚、特殊金屬漆面、黑色牆面等，有效將動態與靜態的行為區隔出來。

## 採光照明

**屏風下方線帶形塑**
**漂浮立體感**

由於每片木作格屏的尺度很大，為輕量化其視覺感受，在格屏下方嵌入
LED燈帶投射至地面，隨著曲線鋼構鋪陳，讓整個量體呈現漂浮感。再
搭配室外陽光照射或室內燈光投射至格柵所形成的光影，與各場域上方
圓形燈的蟻卵意象，為空間帶來豐富表情變化。

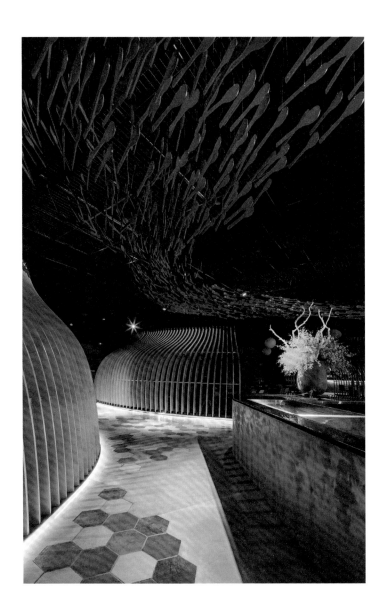

## 天花造型
### 二千支竹飯匙，營造飛魚意象

天花板設計上全部漆黑
處理，並運用二千支以
竹子做成的大飯匙染
紅，吊在天花上營造海
洋裡成群游動的魚群感
覺，也引導取食的動
線，更映襯出餐廳取自
大自然的新鮮食材意
象。而木格曲線屏風如
同一座座珊瑚般的趣味
效果。

01.

01. 由於是港式餐廳，因此大門口的梯廳設計，以大量的花磚打造立面，並運用竹製蒸籠蓋子及鐵件打造出餐廳名稱，而天花的白色浮雲意象的裝置藝術，則為保麗龍插上束縛帶作品。

02. 沿著 L 形牆面的取餐區域，從入口處分別為餐具取用、飲料吧檯區、中式熱炒區、西式西點區……等等。設計為迴狀動線，方便顧客們取餐。

02

03. 呼應港式餐廳門面的復古風格，在洗手檯面的立面以花磚鋪陳，與板
    岩磚的樸實形成對比，並利用鐵件串聯起鏡面，滿足使用機能設計。

# 3.

Chapter

木×石
空間混材設計

圖片提供©HAO Design 好室設計

Point 1.
# 特色說明 ————

奢華大氣、亦可展現質樸溫馨

石材自然的特殊紋理，一直深受大眾喜愛，透過石材種類、紋路、色系的挑選，以及加工技術的不同（從亮面、霧面到鑿面、切割），呈現出或粗獷或光潔等不同個性表情。

木素材與石材的混用，彰顯自然和諧效果

石材種類繁多，其中最常運用在住宅空間的，包括大理石、花崗石、板岩、文化石和最近興起的薄片石材。大理石與花崗石等天然石材，如天斧神工的紋路加上穩重、堅固的質地，常被用來突顯空間的安定性與尊貴感；其他如文化石與抿石子、磨石子等人工石材，則保有自然手感的粗獷質樸，是Loft風、北歐風、鄉村風、自然風中常見的建材選擇。

石材的無縫美容技術，讓大理石之間的接縫縫隙變得不明顯。圖片提供◎禾築設計

Point 2.
# 施工工法 ————

## 這樣施工沒問題

### · 木×天然石材

　石材若鋪設於大面積時（如地坪或壁面），基於花紋與色澤考量之下，最好材料都是來自同一塊石材，才能方便進一步做紋路連續的對花處理。另外，在施作時除了泥作打底方式之外，也可採用木作結構主體作為支撐，需注意的是一般石材本身較為脆弱，為避免施工過程刮傷、碰損，因此工序上會以木作先行完成後，再作石材的鋪貼。而置放壁面大理石時，還要考量載重因素，要確保載掛的工法是否足以支撐整體石材重量。

### · 木×磨石子／木×抿石子／木×文化石

　磨石子、抿石子與文化石的施工方式與天然石材不一樣，其做法是屬於泥作類的工法。磨石子、抿石子這類材質較容易維護，加上泥作時易有粉塵髒污形成，因此工序上通常會排在木作之前。另外，文化石的施作方式，依施工結構體而不同（RC牆與木板牆），若是RC牆，要先將粉光的表面打毛後，才進行黏貼；若是木板牆，則先釘上細龜甲網，再用水泥膠黏固合，並且在鋪貼時還要特別留意水平是否一致。

## 收邊技巧這樣做

### · 木×天然石材

　木作與天然石材混搭的收邊，最重要的是收邊接縫處的密合度，以及整體水平面的平整度，避免有凹凸不平的刮手現象。施工使用的黏著劑，要依照石材色澤深淺，來使用深淺不同的矽利康並添加不同色粉，讓石材的收邊更美觀。另外，在拼接大理石時也會以無縫美容手法，讓大理石之間的縫隙變得不明顯。

### · 木×磨石子／木×抿石子／木×文化石

　1.文化石的拼貼可分為密貼與留縫，留縫也能選擇是否在縫隙中填縫。收邊部分，可直接以切磚方式處理；另外也有轉角磚可使用，看起來更美觀整體。

　2.文化石和抿石子常見問題是水泥間隙發生長霉狀況，在施作時應選用具有抑菌成分的填縫劑來收邊處理。

# 異材質搭配規劃法則

## 1. 施工工法

壁面以手刷白色文化石呈現質樸感，而白色並非純白，而是採染舊效果，讓大面白色文化石磚牆面做加工處理，放上鐵件造型招牌吸引注意。

圖片提供©HAO Design 好室設計

## 2. 尺寸配比

木質地坪透過收邊條以及微微的高低段差，與玄關石材地坪圈圍出落塵區
與空間內外屬性。空間右側並堆砌出一座低矮石台，嵌上邊緣不假修飾的
原木檯面，妝點出自然質樸氛圍。

圖片提供©禾築設計

## 3. 收邊技巧

懸吊式玄關櫃以木作打底，兩個抽屜櫃面及檯面，為天然大理石材薄片打造而成，櫃與抽屜邊緣皆採導圓角收邊。上方並採相同石材大面積貼附，石紋肌理像空氣般流動，整體風格展現輕柔。

圖片提供©Luriinner Design 路裏設計

圖片提供©禾築設計

## 4. 造型創意

客廳、廚房與鋼琴演奏區為開敞格局，使空間動線自由無阻。平台式鋼琴
後方，運用白色銀狐大理石拼成空間背牆，石紋向左右舒展延伸，與弧形
胡桃木天花形塑出優雅空間氛圍。

## case 1

光的旅行與家的日常對話

—— 空間設計實例解析

坪數／50坪
木素材／鋼刷胡桃木、
　　　　訂製海島型木地板
其他素材／卡拉拉白大理石、
　　　　　噴砂潑墨山水大理石、
　　　　　黑網石大理石、
　　　　　鐵件噴砂烤漆、
　　　　　鍍鈦金屬、黑鏡、
　　　　　茶鏡、清玻璃、
　　　　　特殊手工塗料、皮革、
　　　　　磁磚、PANDOMO地坪
文／陳淑萍
空間設計暨圖片提供／
Luriinner Design 路裏設計

格局的設置，通常傳達了某種意義，不單單是一種美學呈現，更代表著家人之間的溝通模式。抹去封閉隔間牆，讓家的尺度開展，各空間以「回」字動線彼此連貫，運用隱藏門片、玻璃、空隙來溝通前後、相互引光。「可開放／可閉闔」的界面銜接，即使在房子最內角也能看到外部狀態，讓屋主夫妻兩人可以隨時聽聞彼此，增加心理的親暱與安定感。

　　客廳中央植著一堵白色大理石牆，撐起沙發座位區的安穩靠背。事實上，大理石牆背後的空間定位，不僅僅是客廳的延續、起居室角色，透過活動拉門輕輕攏起，將原本的空間收闔起來，成為一間獨立客房。可換位移動組合的訂製沙發，則讓屋主從不同座位面向，用心感受家中一景一物的光影變化，也讓彼此在空間中的對話多一些。

**牆面設計**

直橫木紋拼貼
X
局部金屬裝飾

開放格局的公共區縱軸線上，有個較大的天花樑體，刻意在樑上做胡桃木包覆，順著長邊鋪設，能強化視覺延伸感。立面主牆則以同樣的鋼刷胡桃木，作為天花與主牆的連結，直、橫紋組合拼貼處理，再局部採用噴砂烤漆鐵件與鍍鈦造型把手點綴，以避免大量使用木料帶來的厚重感。

## 材質運用
### 藏在胡桃木與大理石牆
### 內的彈性隔間

設計師將原有的兩廳三房三
衛，改為更符合實際使用需求
的格局，規劃開闊的公共區域
以及一間大臥房，客廳起居區
則透過彈性拉門，隨時可閉闔
成為一間臨時客房。鋼刷胡桃
木與白色木作拉門，平日不用
時則收納隱藏在木櫃體與卡拉
拉白大理石牆內。

## 採光照明
**玻璃X金屬鑲嵌，
光線前後流瀉**

4米2的木質大餐桌，尾端以木作搭配潑墨山水大理石，銜接製成一個多工收納櫃，裡頭配置了升降螢幕及事務機。一旁以特殊塗料、手工鏝抹的隔牆，後方為客用衛浴，牆上垂直鏤刻出一道空隙，藉由玻璃與金屬鑲嵌，讓光線前後穿透流瀉。

## 色彩秘訣
### 清玻璃隔間,讓灰綠櫃體沐浴煦煦日光

微微帶灰的綠色,不過度輕跳,作為安定私領域的主要色調。灰綠色衣櫃,特別安排長短筒身錯落,打破一般傳統上櫃下櫃的呆板線條分割,使整體看起來更韻律和諧。主臥更衣間走道底端,透過一道玻璃短牆打開視線,在行走探入的過程,更感受空間的疏緊變化。

**01.**

入口玄關，在雙門片中間有一條短廊道，運用茶鏡反射，使視覺放大、拉出此區空間深度。色彩深沉的特殊塗料背牆上，點一盞暈黃小燈，作為出門與返家前心靈的過渡沈澱。

**02.**

主臥與更衣間入口，以藍色皮革打造的門片，邊緣以鈦鏡面金屬收邊，運用軸轉式的特殊五金，可旋轉打開定位。門片上以手工銅製把手與銅色鉚釘裝飾，細膩沉靜，中和調節了一旁鋼刷胡桃木的粗獷感。

**03.**
藍色入口門片之後，先進
到了回字格局的更衣間。
更衣間配置了黑網石大理
石洗面檯，方便整裝梳
洗，衣櫃則有灰綠噴漆高
櫃以及鐵件隔屏木櫃與開
放式層板形式。

case 2
——

空間設計實例解析

# 共舞華爾茲，譜出溫潤現代感與奢華

坪數／63坪
木素材／胡核木洗白、
　　　　人字拼木地板
其他素材／皮革、蒙馬特灰大理石、
　　　　　茶鏡、鍍鈦金屬、
　　　　　六角磁磚、造型壁紙
文／李寶怡
空間設計暨圖片提供／相即設計

屋主喜歡現代簡約風格，但又想要帶點奢華感，因此材質選擇上刻意挑選色澤較深的蒙馬特灰大理石地磚呈現，並選用仿不織布材質的皮革及胡桃木洗白等溫潤材質，來中和大理石的冰冷感。同時運用深咖啡色鍍鈦金屬在皮革上切割線條及收邊，展現細緻度。

　　空間整體為長型基地。在公共空間部分，擔心腳踩地板太過冰冷，地毯又有塵蟎問題，因此客餐廳地坪選用橡木染灰的人字木地板拼貼，指引空間方向感外，也讓屋主在行走時，腳底不會感覺太過冰冷，且顧及未來照料孩子問題，因此將兒童房改為彈性空間，透過拉門可以在中島及公共場域的餐廳照顧到孩子的活動，並在許多轉角處刻意用弧形收邊，例如玄關牆面、沙發邊櫃轉角、餐桌椅等。

### 木皮拼貼
#### 順人的動線，
#### 變化木紋方向

玄關一進門必須轉90度才能進入室內空間，因此天花設計上，運用不同木皮紋路帶領動線方向。而簡潔的橫線天花設計正好與客、餐廳的弧形天花、客廳人字拼貼地板形成有趣線條架構。

## 牆面設計
**弧形收邊及6公分踏腳收邊，
方便掃地機器人運作**

打造進門的華麗感，玄關地坪用內有雲石的大理石材呈現，
並顧及屋主不喜銳角設計，在玄關立體牆面轉角刻意用弧形
皮革收邊串聯至客廳電視牆，並運用鍍鈦金屬在皮革牆上切
割寬窄不一的線條，形成律動。而在琴房及兒童房的木格柵
牆面及拉門設計上，將下方懸空6公分收邊做踏腳設計，方
便未來掃地機器人運作。

## 材質運用
### 胡桃木、大理石及皮革做溫冷調和

因應深色大理石地板，在立面及天花選擇上採用淺色系作調整，並有胡桃木洗白的天花及依不織布表面材的皮革做櫥櫃門板設計，與電視牆呼應，並在中間以一塊大理石平面斷開櫃體，從穿鞋櫃延伸至展示功能，讓視覺不會顯得沉重，同時串聯至走道的琴室門板及兒童房的木格柵牆，並中和空間裡大面積大理石的冷。

**採光照明**

**鐵件吊燈投射，
突顯大理石光影線條**

屋主喜歡沈穩的空間風格，因此挑選色澤較深且紋路自然的蒙馬特灰大理石，並將材質及紋路延伸至餐廳主牆上，且運用弧形天花及燈槽設計，拉高天花板視覺，同時挑選以鐵絲線條架構的吊燈，連燈罩也為一根根鐵絲構成，當夜晚開啟燈源時，燈具不規則線條將投射在天花上，形成與大理石花紋相同的紋路。

**01.**

客廳由於電視牆寬度不足，將進出書房的門改為拉門設計並與電視牆採同皮革面材，讓電視牆視覺由原本的260公分展延至380公分長，展現出大器氛圍。

**02.**

臥房以木地板突顯溫潤氛圍，主臥牆面選用特殊壁紙呈現典雅風格，也能平順收掉圓弧的轉角，更衣間門片則一樣用淺色皮革架構，與餐廳主牆左右兩側皮革拉門相呼應。

## 03.

餐廳主牆左右的門,設計為右側為進出公用衛浴,左側為進出私密空間的動線。透過淡白色皮革及咖啡色鍍鈦鐵件框架,為拉門提升質感,且公用衛浴內以六角磚拼貼鋪陳華麗感,搭配木架大理石洗手台營造典雅氛圍。

case 3

—— 空間設計實例解析

# 用石紋光帶，
# 啟動一場優雅的咖啡饗宴

坪數／20坪
木素材／白橡木板、文化石
其他素材／鐵件烤漆、耐磨地板
文／Jeana_shih
空間設計暨圖片提供／
蟲點子創意設計

位在台北市一級辦公商圈的Swing café，本身空間僅20坪，腹地不算廣大座位也不很多，卻從外觀就精緻如禮盒一般，能為往來行人留下特別的印象，從店門開始就吸住了路人目光。

　　這是一對年輕夫妻為了共同圓夢所開的咖啡小店，店內格局十分簡單，以吧檯區、商品陳列區和座位區為主，動線配置壁壘分明，不過設計師在此空間中大玩少即是多、似有若無的空間魔法，藉著光帶、木作以及文化石、清水模漆，就將空間在清爽中帶出層次，儘管當初以外帶作為咖啡販售定位，但舒適、恬淡的場內氛圍，往往吸引顧客在此久坐不捨離開。

## 木皮拼貼
**材質拼接端景，
賺來好奇目光**

空間規模退後了近30公分深度，店面上下以材質拼接出不造作的端景，上方看似軌道其實是延伸至等候區的造型，使得內外成為引領網紅們自拍的熱點。

## 材質運用

造型木框，創造招攬
客人的入口場景

店面外觀為商用空間最重要的第一戰，決定客人會不會成為主雇的關鍵。設計師以白橡木、石材、水泥粉光與鐵件形塑店面的第一眼印象，入口區的正方櫥窗是一個深約20～30公分的木框，嵌入光帶成為十分吸睛的亮點，而窗框內則透出工作人員沖咖啡的真實景象。

**牆面設計**
清水模牆面，
沉澱每顆驛動的心

咖啡店內空間窄長，從前頭的忙碌喧囂，一直到後方則成為最寧靜舒適的咖啡角落，因此設計師在視覺端景上化繁為簡，以清水模牆面遮蔽原本雜亂的壁面，重新還給視覺純淨舒適的空間。

**色彩秘訣**

石與木的色彩語彙，
區隔出公私領域

設計師以灰、白、象牙白文化石與淺木料作為空間中唯一的色彩語彙，不論是吧檯區、座位、甚至用餐身後背牆，使用的色階幾乎都不超過這些範疇，讓空間顯得輕爽輕盈。且由於考慮店面能提供包場服務，因此架高座位區的地面，牆面則利用塗料跳色界定空間，意圖區隔出公私領域。

## 01.

吧檯區域從點餐櫃檯經工作檯一路綿長的向後延伸，也帶出了空間動線，櫃檯以白色勾木框的簡潔有力，與背牆清水模色調相呼應，同時橡木櫃體的木材質紋調合了建材的冷硬，搭配咖啡香氣成就完整的視覺與味覺饗宴。

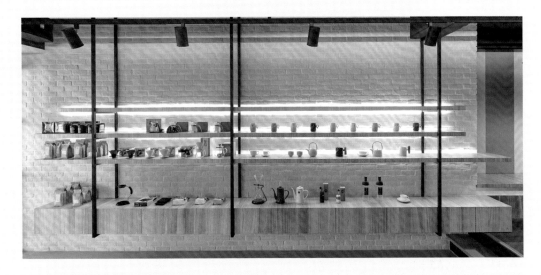

02. 正對著吧檯區域的文化石牆面，除了用鐵件支撐懸吊外，也刻意將木作層板與牆面保持縫隙，乍看下彷彿為長型鞦韆，縫隙正好適用於隱藏LED照明，讓視覺上顯得輕巧。

03. 細瞧等候區的椅凳僅以單邊鐵件維持重心平衡，木條向上延伸，繞上了整個牆面至屋簷形成有趣的木勾，彷彿自外而內把客人勾入店內的意象。

# 4.
## Chapter

# 木×磚
# 空間混材設計

圖片提供◎大紘設計

# 特色說明 _____

## 磚材跳脫過去框架的多元發揮

木素材材質較軟且塑形容易,因此廣泛運用在各空間;相較磚材的使用,因其堅硬和冰冷的特性,空間使用上較常運用在地坪、廚房、衛浴等。磚的材質及呈現方式,大致分為二類:一是透心石英磚,像是馬賽克、拋光石英磚,基本上表面較無法做太多變化。另一種為不透心磚:如磁磚(花磚或陶磚)及石英磚、紅磚等,則可以透過印刷技術的演進,種類與花色有了更多選擇,例如仿大理石磚、仿木磚等,運用手法也跳脫框架有更多元的發揮。

## 思考需求,營造1+1>2的空間效應

當木素材與磚材這相異材質做搭配時,要思考的是使用需求為何,其次才是考量風格,才能發揮兩者材料的專長。例如陶磚與木材搭配,最能展現具田園氣息的鄉村風;裸露紅磚搭配實木則能共演出空間裡的復古風味。

花磚嵌入桌面的設計,由於是平面處理,因此可以用相同色系的填縫劑收編固定銜接即可。圖片提供©大紘設計

Point 2.
# 施工工法

## 這樣施工沒問題

1.當磚與木做搭配時，因磚屬於泥作工程，因此通常會先進行磚材施工，最後再進行木作；二者若同時做為地坪建材搭配時，施作完鋪磚工程後，木地板需配合磚的高度施工，以維持地坪的平整。如果是實木地板、海島型木地板、海島型超耐磨木地板等則多用平鋪施工，一般和磁磚或拋光石英磚銜接處，高度要事先預留好，方便合平作業。

2.將磁磚嵌入桌面的施工方式，先計算桌面長度及能容入的花磚長度及寬度，再將木材刨空與花磚相同的厚度，花磚放入後並用白色填縫劑固定銜接。花磚若是貼覆在牆上的話，則建議使用乾式施工，增加其附著力避免掉落的危險。

## 收邊技巧這樣做

1. 木與磚地板用金屬收邊條。如果選的是進口的密集板超耐磨，由於四周需要預留一個板材厚的伸縮縫，所以一般和拋光石英磚銜接的地方，會用收邊條來遮蓋預留的伸縮縫。收邊條材質選用上有PVC塑鋼、鋁合金、不鏽鋼、純銅到鈦金等金屬皆有，讓視覺看起來更為美觀與協調。

2.木地板與磚牆用矽利康收邊。磚牆的粗獷原始風貌很受現今消費者喜愛，因此出現許多磚牆搭配木地板的空間設計，如同是新磚牆面，可以透過計算，將木地板鋪設在最後一層磚底部銜接收邊會比較美觀。

3.木與拋光石英磚，採脫開設計收邊。並非所有木牆跟拋光石英磚都很搭配，一般建商贈送的拋光石英磚很難能找到適合木色來搭配，這時會用脫開設計手法，例如架高木地板或在牆角設計內凹大約6公分的踢腳設計，讓木作牆與地板脫開，各自呈現各自色彩，互不影響。

木地板最怕水氣，因此與磚牆牆角可用矽利康收邊，防止水氣滲到木板的基底。圖片提供◎大紘設計

# 異材質搭配規劃法則 ————

## 1. 施工工法

運用寬度及深度均為 2 公分的長條木格柵打造空間的天及壁三面,並做大面
積覆蓋,能達到最好的視覺效果,當人行走在此,會感覺到牆面的陰影律
動,而端景40 X 90公分的磁磚拼貼,成為穩定力量。

圖片提供◎形構設計

## 2. 收邊技巧

當拋光石英磚找不到適合的木色作為搭配，能運用鐵件將木作傢具以脫開設計收編方式與磚色地板做隔離，並在餐廳主牆面以直條木紋延伸至天花做一帶狀設計，再用燈槽營造視覺律動感。另外FLOS斜桿燈具能為直線空間帶來有趣線條變化。

圖片提供©大紘設計

圖片提供©大紘設計

## 3. 尺寸配比

大尺度空間裡，切忌太多小尺寸切割面。透過電腦計算圖樣，將大理石花紋印刷在三塊白色磚面拼出150X300公分大面積門片並做二扇呈現，嵌入木框中與旁邊木作櫃體融合。

## 4. 造型創意

為改變一般人對醫美中心的冷調感，刻意選用曲板設計有弧度的牆面，且進入診間的門片也隨牆面打造出曲度，使空間呈現波浪感，並搭配地磚產生柔和的空間視覺。

# 仿舊實木、窯變磚、弧形門窗，
# 重置義大利莊園派對場景

坪數／135坪
木素材／黃檜刷舊、杉木實木板、藤、超耐磨木地板、木芯夾板
其他素材／義大利進口窯變磚、木紋磚、水泥、鐵件、文化石、皮革、磨石子磚、織品
文／李寶怡
空間設計暨圖片提供／HAO Design好室設計

專賣現做手工披薩的餐廳，設計發想取自於在義大利莊園用餐的氛圍。建築立面運用弧形門廊及小木屋線條剪影，室內則大量選用自然材質以仿古手法呈現，例如老木、仿古磁磚等，並搭配綠色植栽與布織品，讓人走入空間彷若進入另一國度享受美味的義式手工披薩。

一樓入口以一扇工法細緻的生鐵大門，搭配地面鋪排的窯變磚，描繪歐洲街景，再以拱形開口打造，讓人看見內部的披薩窯爐和整個窯烤過程，加深對食材的安心。二樓設定為大自然的野餐情境，透過不同高低地坪區隔出不同場域—架高木地板的親子區、馬車意象和麻質織品所佈置的室內野餐區。三樓則採用磨石子磚及裸露天花設計，搭配小帳蓬、露營折疊椅，營造野戶露營的氛圍。且整個空間隨著採光充足的迴轉樓梯串聯，領人進入每層不同的空間敘事。

**木皮拼貼**

順結構紋路展現
自然氛圍

運用不少木頭拼接和磚的應用來區隔空間場域。天花板部分順著建築結構呈現不同線條，展現自然的手作感；二樓臨馬路窗邊的架高地板區，則以不同紋路拼貼木地板，低矮的桌面設計混搭色彩豐富的墨西哥花布與日式織品為坐墊，也是小朋友能隨處走動爬行，不受束縛的自由場域。

## 色彩秘訣

### 大地色系及染白打造
### 懷舊視覺

運用大地色系與灰、白搭
配。木頭保留原木色系，
僅在局部如廊道染上二層
深胡桃木色做區隔，當染
料乾時，讓木頭年輪紋路
加深；至於白色也不是純
白，而是做染舊效果，入
門的大面白色文化石磚牆
面做加工處理，放上鐵件
造型招牌引人注意。

## 材質運用

### 黃檜拼板X窯變磚，
### 營造義式酒館氛圍

空間裡大量運用自然材質，例如黃檜拼板天花，刻意刷白漆因材質吸
水不同而出現深淺不同表面，與裸露的水泥樑柱呈現出復古的空間
感，搭配義大利窯變磚的不同色澤鋪陳地板；略帶昏黃的燈光佈局於
用餐區，滿足商務客，情侶約會的用餐氛圍。

### 牆面設計

**木與多種材質混用，
區隔樓層的空間表情**

整層樓牆面皆採一片片手刷做舊、染白的杉木實木板，讓空間更顯明
亮有層次感。且為區隔三層樓各個不同空間表情及客群定位，因此運
用牆面設計呈現。一樓為手刷白色文化石呈現質樸感，搭配仿布料皮
革長椅，帶出酒館氛圍；二樓視覺主牆則運用紅磚牆面及野餐的繪

圖，搭配麻質長椅，另一側則運用藤蔓、布幔及木條長椅呼應親子共
享野餐天地；三樓則是水泥仿石磚牆搭配帳篷、藤椅等形塑露營野餐
氣氛。

**01.**

餐廳一樓門面以鐵件及強化玻璃引進採光，而入口的生鐵大門搭配地面鋪排的窯變磚、牆面刷白文化磚及仿布的皮革長座椅及麻質椅背，描繪出歐洲街景意象。

**02.**

整個空間發想來自義大利質樸又絢麗的小房子，因此在建築外觀上，鐵件窗框及斜頂房屋的剪影，搭配燈光投射，營造吸睛視覺效應。

03.

04.
三樓將實木材質降低,只在局部地板、百葉窗邊及夾板包覆的柱體使用,並設計水泥模板天花及仿洞穴壁面的牆面、拱形門,並搭配有線條的麻繩吊燈及樹藤設計,創造出空間的粗獷感。

04.

03.
靠近一樓櫥窗處的「小市集」,販售橄欖油、麵條、酒醋等義大利食材,而後方的迴旋梯串聯空間的垂直動線,並以白色鐵網及綠色藤蔓,營造空間綠帶意象。

# 5.

Chapter

木×水泥
空間混材設計

圖片提供◎SOAR Design合風蒼飛設計＋張育睿建築師事務所

# 特色說明 _____

## 樸實粗礦且帶有冷硬意象

水泥以石灰或矽酸鈣為主原料,與水混合沙、礫等骨材凝固硬化後則成為「混凝土」,作為建築結構性的材料;依礦物組成的不同,水泥也有不同的種類與用途,但外觀上都擁有厚重、堅固、原始的特性,應用在空間設計中會呈現出樸實粗礦且冷硬的視覺感受。

## 木與水泥展現空間中材質張力

由於水泥施工上有一定的難度,外觀、色彩也較受到限制,這些特性剛好與較具溫潤質感、可塑性高、且種類繁多的木材相互補,因此水泥與木材搭配下,冷硬與柔軟的鮮明對比,成為設計師各種空間上的活用表現,早期多用於商業空間,藉由木與水泥展現空間中的材質張力,近年則廣為應用於小店面、居家設計中,透過水泥、木材的原始質感展現不刻意修飾的自然原貌。

水泥往往給人粗獷、不經修飾的意象,在空間中反而更能聚焦於其它事物上,能輕易形塑出想要的氛圍。圖片提供©SOAR Design合風蒼飛設計+張育睿建築師事務所

Point 2.
# 施工工法 ────

## 這樣施工沒問題

### · 木×水泥

1.兩種材質搭配時,需精準規劃,以水泥為主、木作為輔的方式實作,才能避免不可抗的變化因素。木材原料來自於自然山林,為了便於施工,往往先就地製成固定規格尺寸的板材,再行事後加工,與水泥就地形塑的工法方式全然不同,且混合了沙、石、水的水泥易因組成原料的不同,在施工過程中容易有不可預期的變化。

2.水泥的塑形工程,不同於木材擁有天然形體。水泥原材來自於各種礦石骨材與水的混合,在施作上需在現場架設板模灌漿塑形,與木材搭配可適用於大面積的牆面、地面或檯面;木材施作容易,可從櫃體、門板等互為搭配。

3.以水泥施作地坪時,需特別注意施作前的清理與基地的濕度、粗胚打底和粉光層的厚度。相對於木材,因施作難度高而後續修改彈性不足,施工前需詳細規劃期程,並預留木作位置。

## 收邊技巧這樣做

### · 木×水泥

1.掌握溫濕才能完美銜接異材質。木材容易因氣溫或濕度的不同而有收縮或膨脹的變化,收邊時得預留8～10mm的伸縮縫,與水泥材質搭配時,許多設計師多會採用不刻意收邊的方式,僅將切面貼齊、也可運用邊條修飾;若水泥切面較不規則,則可用透明填縫劑作為細節的補強。

2.創造全然貼齊的水泥檯面。由於具有堅固、耐磨損的特性,水泥材質被廣用於餐廚檯面,通常採用清水模工法施作,轉角則需精準的切面收邊,若與木材配合,則會將事先預製的木作以膠合方式與水泥材質結合。

# 異材質搭配規劃法則 ———

## 1. 尺寸配比

大門處走入屋內的玄關動線中，落塵區以高度耐髒耐磨的水泥為主材質，
運用水泥液態至固態的特性製作了有趣的拓印，再銜接10mm的木地板厚
度作為場域區隔，同時也為相異材質創造簡單切換。

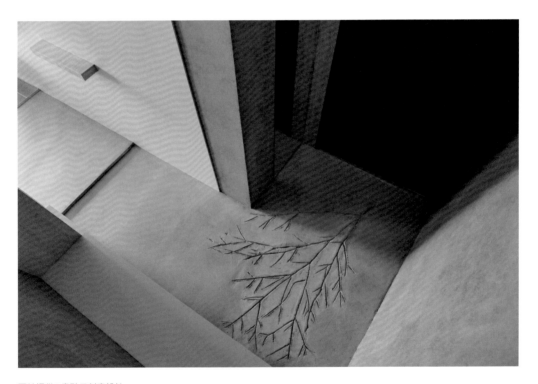

圖片提供◎蟲點子創意設計

## 2. 施工工法

整間衛浴以水泥為表
面材，洗手水槽則用
水泥灌模製成，衛浴
外則用木材質元素修
飾，讓空間在冷暖中
取得平衡。

圖片提供◎蟲點子創意設計

## 3. 收邊技巧

串聯客廳與後方的臥榻區域，設計師將主牆面以水泥灰作主色，對比純淨的
白色櫃體，臨窗區以白橡木圍塑出窗框擴大視覺效果與收納機能，在自然光
的提味下也成為最舒適自然的居家端景。

圖片提供©一它設計

## 4. 造型創意

大坪數的空間運用材質的天然肌理，最能烘托出空間立面的氣勢以及場域氛
圍。運用木材角料壓製形成特有木紋壁面，呼應未經修飾帶有鋼痕的水泥天
花，在多元質紋下成為形塑出宛如藝術作品般的空間創意。

case 1 ———— 空間設計實例解析

# 木素材混搭清水模，
# 創造滿滿的幸福無印宅

坪數／22坪
木素材／超耐磨木地板
其他素材／清水模
文／Jeana_shih
空間設計暨圖片提供／蟲點子創意設計

原屋室內如果刻意打造出三房二衛的空間顯得擁擠窒礙，又考量屋主為新婚小家庭，其實沒有三房需要，因此著手調整成二房二衛加一儲藏間的格局，勇敢捨下了房間之後，得到的是後陽台充裕的綠景與自然光線，像是幸福版的槓桿原理，僅微調小處換來巨大的美好生活。

材質方面設計師亦以少即是多的原則，減少不必要材質和多餘的色彩，在自然光充裕的情況下，空間愈是素顏愈能展現樸質之美，因此卸去繽紛多彩的立面，選擇以幾近無色的淡灰清水模為基底主色，搭配明亮橡木裝潢，形塑出簡約清朗的幸福空間語彙。

## 色彩秘訣
**空間低調不失明亮，
少即是多的思考法則**

坪數有限的室內想要儘可能的削減侷限感，擴大空間視覺，每面牆、格局配置甚至傢具軟件的搭配就顯得格外重要。客廳以大量灰階清水模質地搭配低彩度傢具，地板與櫃體材質亦避開花俏紋理的品項，讓空間低調不失明亮。

## 牆面設計

### 木作洞洞板的樸質手感，
### 帶出收納機能

中島側邊的造型牆面是由木工師傅一個洞一個洞以手工鑽出的洞洞板，比起雷射切割，更展現手感獨有的溫潤，洞洞板本身機能妙用無窮，且能透過懸吊掛架創造有趣的收納風景。

## 採光照明

清水模X鐵件，
打造輕Loft木空間

延伸客廳背牆，主臥房門與儲藏間的門同樣以清水模上漆，拉長空間公領域，並刻意以色溫較高的暖黃燈光作環境照明，讓隱形門片在開闔之際帶有魔幻色彩，與灰色階完全契合的是黑色鐵件，不僅沒有視覺負擔，反而多了時尚語彙。

**材質運用**

清水模素胚質感，
淡化大樑壓力

房間以清水模塗料加上原木質感床頭櫃，簡約構成睡眠天地，床頭上方大樑下壓，設計師選用白色夾板打造斜面天花避開煞氣，淡灰與自然木材質的拼色組合，也帶出清新舒爽的無印風。

01. 礙於原始格局的客廳空間，因大門位置受到限縮，設計師以鐵件結合木作量體，讓沙發面對
電視的端景能單純簡潔，鞋櫃則與電器櫃結合，形塑空間整體性，成功拉大格局視野。

02. 臥房中不能缺少大量的衣物收納，設計開放式頂天立櫃作為收納載體，搭配窗邊臥榻收納，
清爽明亮的木色在清水模對比下顯得溫暖，房間機能也更圓滿。

03. 衛浴面積並不寬裕，因此儘量減少色彩的運用，地面材質為特殊造型磚，沐浴間則為用黑色霧面馬賽克磚提升止滑機能。

04. 設計師拆除隔間牆，釋放出窗邊原有的光線與綠意，並以中島串連長餐桌創造出長形動線。並多一區臨窗的書房，打造出用餐、看書和工作皆適合的愜意空間。

# 零矯飾素胚材質，
# 還原家的本質

坪數／40坪
木素材／香杉實木、白橡木
其他素材／清萊姆石水泥、黑鐵件
文／Jeana_shih
空間設計暨圖片提供／SOAR Design合風蒼飛設計+張育睿建築師事務所

所謂的「家」，應該是什麼樣子？由建築師張育睿率領的合風蒼飛設計團隊，在接到這個位於三樓的「樹梢屋」後，著眼於居住者一家四口的家庭氛圍，及新成屋房型本身具備的光線與窗景，深深思考四方水泥牆面之下屬於「家」的定義，最終褪下了五顏六色、放棄了多餘的矯飾與設計，簡化格局、打開光線，同時讓所有材質都回到素胚原點，用最自然的方式還原家的本質。

　　「我們以『純粹』為設計核心，讓空間環境儘可能的沉澱，讓注意力能重回生活及家人身上。」設計團隊從選材上下足工夫，以萊姆碎石作為壁面原材，帶有色階層次的香杉木提升溫潤，黑色鐵件中和了空間裡的冷暖；除此之外，看不到的地方收納了瑣碎零散，一路到底的窗釋放了光和風，減一分太少、增一分太多的恰到好處，也正是給屋主一家人最美好的生活禮物。

## 材質運用

**仿泥作中島X磚構餐桌，
展現個性對比**

為強調空間中的自然氣息，壁面材質回歸原始，運用泥作工法打造自然水泥質感牆面，地板則為實木。廚房中島亦比照水泥工法塑形製作，並串連極薄但堅固的磚構餐桌，讓開放式的餐廚空間成為客廳中低調但個性十足的端景。

**牆面設計**

特殊壁材描繪
穴居般自然生活

以萊姆石磨碎和水以固定比例形成泥狀材質,在底漆上塗佈二至三層,形成厚達3～5mm的牆面,呈現出低彩度、低明度但比水泥更有溫度、更具手感的效果,這樣的材質不僅擁有消光的質感,同時本身的極細小孔隙易能調節環境濕氣,更增舒適度。

## 採光照明

**不過分搶眼的光線
是最美好的綠葉**

考量空間中大量採用了不易感光的特殊泥作牆面，迎光面儘可能的設計開窗讓光線進入室，以避免室內自然光不足，照明則以投射燈光展現壁面凹凸的手感紋理，再輔以間接光源提升亮度，形塑溫和光線。

**木皮拼貼**
立面橫直拼法，
凸顯視覺層次

迎合素胚低彩度的牆面與室內空間，特別選用帶有深淺色階與自然節眼的香杉木作為素材，應用在臨窗踏階與部分傢具上，修飾灰白色階帶來的冷硬感展現溫潤，地板、踏階與立面橫直拼法錯落，讓空間更顯視覺層次。

01. 為客廳區域的另一處「兒童遊樂區」，考量客廳是全家人相聚、互動的核心區域，設計師不做電視牆，反而做了簡單趣味的小夾層，提供孩子在此爬上爬下玩耍，消除大樑下的壓迫感。

**03.**

衛浴空間將「淋浴間」、「廁所」以玻璃
門一分為二，不規則弧形浴缸以混凝土泥
作工法手工訂製，並製作凹槽坐位，即使
一邊泡湯也能從另側入口與家人互動。

**02.**

餐廳區域為客廳之外全家人經常互動的第
二個重要核心場域，在此設計中島串接餐
桌，形成長形動線，小吧檯及廚房料理熱
炒空間則崁入壁內側邊，以細鐵件區隔，
維持整個端景簡約而純粹的一致性。

# 6.
Chapter

# 木 × 金屬
# 空間混材設計

圖片提供◎禾築設計

# 特色說明 _____

## 金屬韌性強，能隨意打造成各式造型

室內裝修常用金屬材料主要有鐵材、不鏽鋼，以及銅、鋁等非鐵金屬。這些金屬韌性強，可凹折、切割、鑿孔或焊接成各式造型。此外金屬為了防鏽，表面多半會做各式處理；除了噴漆，還有各種電鍍加工，來產生不同質感與顏色。而鈦金屬質輕、延展性佳、硬度高，經過不同的加工處理，會使讓鍍膜呈現黑、茶褐、香檳金、金黃等顏色，亮度高且多樣的色澤使鍍鈦逐漸成為設計中重要元素之一。

## 木 X 金屬營造視覺衝突亦提升溫度

過多的金屬建材容易使空間感受冷冽，這時如能加上自然而溫暖的木素材做調和，除了豐富空間設計，也增添人文氣息。展現空間個性，較常使用鐵件、不鏽鋼或是鍍鈦來和木材質做搭配組合，值得一提的是，貴金屬如金、銀、黃銅在空間的使用上還是相對較少的，而是選相似顏色的金屬來呈現。

# 施工工法 _____

## 這樣施工沒問題

1.木材與金屬接合時預留一定空隙才不會因為熱脹冷縮而擠壓變形，而一般木材質分為夾板如海島型木地板等合成材、軟木如杉木與松樹等、硬木則有相思木等三種類別，因為夾板已經先行加工不用留有空隙；軟木建議留0.5公分，硬木則要注意固定方式，背面的固定件要均值化，避免扭曲變形。

2.木作與金屬工程兩者施工的方式必須依照設計者的需求而定,二者之間可運用膠合、卡榫或鎖釘等方式接合,有些甚至運用了二種以上工法來強化金屬與木素材結合的穩固性。

3.當運用鐵製架構的書櫃結合木層板,這時會將符合空間尺度的訂製金屬骨架固定於牆面或地面上,再將木板鎖在層板位置;而相反的也可以用木材質做骨架,再以鐵片做層板或利用金屬邊條形成保護木材質或裝飾效果。

## 收邊技巧這樣做

### · 木×金屬

1.金屬在與木材質搭配使用時,常會使用堅硬、耐磨的金屬為質地較軟的木材質做收邊,因此坊間有各樣的金屬收邊條可做選擇。而如果希望在木牆上加上金屬結構的櫃體時,這時要考量牆面的負重問題:木牆是不是能支撐櫃體的重量。一般會建議可將金屬鐵件直接栓鎖進泥牆,或以木角料固定在牆內,接著再將開孔的木皮或木飾板覆上牆面,收邊可以用五金蓋片做修飾,也能達到補強的效果。

2.木與金屬的搭配不得不提的還有五金配件,其具有串聯與強化結構等功能,是賦予設計機能最有力的利器。想要確認工法細緻度,觀察木建材的轉角處理是個好方法,45度切角的收邊效果最好。

金屬收邊鋪貼工法分有橫貼、縱貼、斜貼等,會呈現不同的視覺感受,例如橫貼具有放寬效果、縱貼拉升屋高,斜貼則增添空間活潑感。圖片提供◎開物設計

# 異材質搭配規劃法則 ——————

## 1. 尺寸配比

在以大量木材質包覆的空間中，搭配烤漆鐵件製作的展示層架，2：1：1的恰當比例拿捏讓溫潤木材與冰冷鐵件之間達到和諧，也更符合屋主期待與眾不同的空間個性。

圖片提供◎石坊建築空間設計

## 2. 施工工法

懸空設計的整座書櫃固定於天花板之上，並運用上下雙層的木板包夾住橫向的書櫃層板，而烤白處理的薄鋼板則為書櫃的縱橫架構，視覺看來像是將木板直接與鐵件黏著，整體呈現輕盈感受。

圖片提供◎森境+王俊宏室內裝修設計工程有限公司

## 3. 收邊技巧

日式料理店的吧檯，座位區的枱面選用檜木，在用餐時無論是視覺、嗅覺、觸覺都能得到滿足，而工作區使用富美家的木紋美耐板方便清理保持衛生。並在其中運用灰黑鍍鈦板收邊作為擺盤區形成場域區隔，且與天花互相呼應。

圖片提供◎方尹萍建築設計

## 4. 造型創意

複層建築中樓梯常會給予空間壓力，對視覺帶來巨大量體感受，因此在此空間中設計師簡化鋼構樓梯的線條，並運用背牆大面的鋼刷木皮櫃體為視覺自然舒壓。

圖片提供©森境+王俊宏室內裝修設計工程有限公司

case 1

——

空間設計實例解析

# 航向大海，在家中找到探險與愛的真諦

————

坪數／28坪
木素材／木作、實木地板、
　　　　實木皮刷色
其他素材／鍍鈦金屬、絨布
文／張景威
空間設計暨圖片提供／開物設計

因為屋主喜愛航行，在週末休假時常北上出海，設計師便以航行中的船艙和大海為空間意向，並將男主人喜愛的「英式俱樂部」作為設計概念。

原始空間是常見的四房兩廳的房型，設計師拆除一間房擴展為公共場域，打開大門由長形的廊道走進室內，兩扇拱形窗映入眼簾，細紗窗簾飄逸宛如將人帶入航海的記憶當中；大面的湖水綠色迎面襲來，其運用在不同材質的展現與傢俱的搭配讓空間增添層次，大片的深色木皮則完美打造俱樂部氛圍，最後更由金邊與天花上的鍍鈦線條勾勒空間優雅。

### 地板展現
**人字拼木地板賦予
濃厚復古味**

空間以弧形天花與拱形門窗傳遞航船語彙，細膩的金屬勾邊則提升空間質感，並運用大面積的木材質，讓人有身在船艙航行大海之感，而地坪則採較深色的人字拼木地板，賦予濃厚的復古氣息。

**牆面設計**
鍍鈦勾勒展現細膩，
傳統色調中見新穎

設計師選用鍍鈦金屬為木材質勾勒線條，展現出空間細膩。如果想要傳遞經典復古的精神，一般會在空間選用桃花心木，但主臥牆面使用較現代的沙比利木皮，其色調有如桃花心木，讓室內鋪陳經典俱樂部印象，然而仔細觀看木質紋理卻見新穎。

**材質運用**

幽暗至明亮的
視覺印象

玄關廊道運用幾盞散落的嵌燈打在木質牆面上，進到眼底則為有點過曝的白
紗拱窗，這樣由幽暗至明亮的過程，賦予空間柳暗花明又一村的視覺印象。
餐廳背牆有大面湖水綠繃布，並與同色餐椅相呼應，而金屬喇叭燈搭配人字
拼地板的細膩雅致，其不同材質為空間帶來層次。

01. 原本建商設計了尺寸過長的玄關，但反而成為本案的設計特色。運用廊道轉換心情，最後進到眼底的是拱形窗搭配白紗窗簾，徐風吹來宛如站在甲板上，喚起主人腦海中的航海印象。

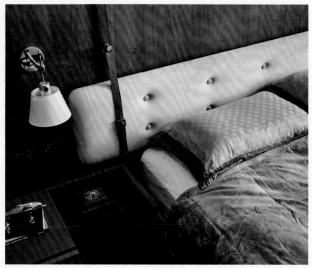

02. 主臥灰藍色調打造舒眠場域,床頭的白色繃布床板交織皮革裝飾,展現出空間典雅,而延續
公領域的弧形天花則利用其造型巧妙隱藏空調出風口,讓在床上時不會正面吹到冷風。

03.
白底、灰紋理的大理石打
造壁爐基底與餐桌,映在
湖水綠上,猶如汪洋中激
起的浪花,完整空間海洋
意象。

# 面對客群，
# 運用異材質賦予空間不同印象

Bellavita店（左圖）：
坪數／75坪
木素材／實木木皮
其他素材／金屬板材、石紋磚

忠孝店（右圖）：
坪數／66坪
木素材／木作噴漆、木地板
其他素材／金屬鐵件、石材

文／張景威
空間設計暨圖片提供／
石坊建築空間設計

位於Bellavita百貨的髮廊主要客層年齡為30～50歲，加上為高級百貨的門面，因此設計師以富奢元素打造進門入口。弧形門面令人耳目一新，而櫃檯以斜型石材營造形體上的反差，壁面運用黃銅色鍍太板和雕刻白石材做搭配，而旁側的木紋與地坪的木紋磚則予人溫潤感受並讓空間具有衝突美感。

另外一間忠孝店的設計則為另個樣貌，因為東區的客層訴求比起Bellavita較為年輕，設定以黑白現代為主軸，而此間髮廊是街邊店且位於巷子內，為了讓預約客人能很快地找到店面，正方形的入口玻璃門運用金屬鐵件框打造出幾何線條，立體雕塑櫃檯延伸壁面到天花，從門外看來有如一幅大型藝術作品，吸引目光且遮擋座位區，保護客人隱私。

## 材質運用
**黃銅鍍鈦**
**X**
**實木形塑視覺衝突**

位於Bellavtia店面入口，櫃檯壁面運用黃銅色鍍鈦板和雕刻白石材做搭配予人豪奢意象，和旁側溫潤的實木木皮與木紋地磚形成視覺衝突。

## 採光照明
### 如繁星般的照明
### 更顯立體有層次

天花使用嵌燈照明，不規則
有如繁星般的設置，光線照
射在櫃檯與木地板時呈現光
影，更顯立體有層次。

## 色彩祕訣
### 淺色木地板的
### 選色輔佐

座位區考慮到髮廊染髮時有正確選色的需求，因此中間設置LED照明白光，
且光源由後方照在顧客頭上，美髮師也不易因站著形成陰影，而淺色木地板
讓空間顯得明亮寬敞，並間接輔佐選色。

## 地板展現

**木地板視覺溫潤
好清理**

雖然空間意象以黑白現代為主軸,但如果地坪選用黑或白色反而不易髮廊的清潔工作,視覺也過於冷冽,因此選用適合清理與溫潤的木地板呈現。

01.

髮廊位於高級百貨的門面，因此櫃檯設計選用金色為主要色調打造奢華氛圍。鍍鈦金屬與灰黑紋理的雕刻白石材壁面，以不規則的排列拼貼出空間律動。

02.

等待區以摺紙為概念打造有如大型雕塑，第一摺形成右方的座位區，再往上一個摺角則為左邊的商品展示架。

### 03.

美耐板打造的幾何造型雜誌櫃讓清潔更
為方便。除擺放雜誌外，後方亦是備品
擺放櫃，並運用其隔出的空間作為洗髮
區域，且採用柔和的間接燈光，形塑客
人洗、護髮時的放鬆氛圍。

# 7.

### Chapter

# 木×板材
# 空間混材設計

圖片提供◎雲邑室內設計

# 特色說明 ———

## 可塑性與價格優於真實木素材

原木材質溫潤的質地一向被廣為使用於各種商用及居家空間之中，然而考量部分木素材產量有限，不同種類亦有不同硬度，影響可塑性與價值，因此同中求變，運用木材質開發出各種板材，依壓製方式不同而有不同類別。

## 節省預算考量的替代方案

板材包括夾板、木芯板、集合板等，採部分原木、部分板材的作法也能使空間有更多變化，實現設計師的各種創意；而由於純木頭與板材呈現出的質感、色系幾近相同，對於有預算考量的屋主來說，板材的出現可說是一大福音，部分板材表面同樣擁有豐富紋路，在空間中不僅可減少後製加工的成本，也更易隨心所欲形塑出想要的樣貌。

運用矽酸鈣板的高度可塑性，能在空間中打造有趣的端景與質感，特別適合商業空間使用。
圖片提供©福研設計

# 施工工法

## 這樣施工沒問題

### · 木×板材

1.膠劑的選擇差異和注意成分。儘管異材質各自的素材屬性各有不同，但作為空間設計需要，拼接時施工的法則是共通的，不論是何種木板材，拼接時的黏合過程都不可馬虎。以固定板材而言，施工方式皆強調膠劑的混合，而接合的膠材中，白膠價格便宜但缺乏穩定性，耐用時效短；防水膠與萬用膠因其實際的防水效果而廣為使用，但價格也較白膠為高。眾多膠劑中也要了解膠劑的成分，避免選擇有害健康的物質，寧可多花預算選擇安心且耐久的品項。

2.板材與木地板施作的順序。若板材為隔間牆，在施作木地板時施工的先後順序就顯得重要，一般而言要先做好隔間牆，再進行木地板的鋪設，最後進行收邊加工，才是最穩當的工法。

## 收邊技巧這樣做

### · 木×板材

1.木板材與一般木材的收邊方式雷同。大多會分為板材收邊、金屬收邊、間縫收縮等，可依所使用的木種板材尋找相近色的邊條，通常材質愈厚重的價格愈高，選購時也要挑選能與板材相近、不衝突的材質搭配，維持視覺的一致性。

2.隱形收邊需要更平整妥善的處理。想要將木材與板材進行不帶痕跡的「隱形收邊」，運用矽膠、填縫劑也是不錯的方式，只是收邊時要注意整體是否平整貼合，轉角度的收邊也需使用專用膠貼合，無論角度或是材質之間的接縫處，都要注意精準接合。

Point 3.

# 異材質搭配規劃法則 ————

### 1. 尺寸配比

開放式餐廳區域，中島側邊以頂天立地的OSB板材構築的牆面作為空間
端景，由於OSB板是經由木材交疊交錯再經高溫壓製而成，保留了鮮明
的色階，在空間中對比清爽無瑕的白色與溫潤的木色餐桌，形成跳色且
印象深刻的用餐角落。

圖片提供©蟲點子設計

## 2. 施工工法

自然材質的木材由於具有獨一無二的天然質紋，總能藉由材質肌理形塑各種空間視覺效果，本案以多色階的鋼刷梧桐木作底材，經手工切磨出斜度後再作拼板，讓牆體從平面走至立體，營造出有如森林樹叢般的自然場景。

圖片提供◎大湖森林設計

## 3. 收邊技巧

既想透過原始材質形塑出空間的自然恢宏，又擔心略為單調，運用木材與板材的特性紋理，從天、地、壁的立面構成中做各種有趣變化，不論橫接、直併、人字拼，展現出空間中深淺錯落的細緻層次。

圖片提供◎大湖森林設計

圖片提供©福研設計

## 4. 造型創意

運用板材本身的高可塑性,做出千變萬化的效果。採用矽酸鈣板交錯設計,創造出仿如編織紋理的天花,並嵌入空調與照明,搭配木材質傢具軟件與造型木作飾材,讓空間顯得寬闊。

case 1

——

空間設計實例解析

# 實木拼接，打造雋永大器的藝術宅邸

坪數／60坪
木素材／歐洲進口實木、
　　　　矽酸鈣板、板岩磚
其他素材／大圖輸出壁紙、鐵件
文／Jeana_shih
空間設計暨圖片提供／雲邑設計

名為「海馬迴」的居家設計案，最重要的設計核心在於客廳空間所使用的古老木材拼板，材料來自歐洲直送，每片木材都有著珍貴的歲月刻蝕，所構成的紋理、畫面、色澤都不相同，就像深貯海馬迴裡，在不同時期曾經的階段記憶。

然而設計師也說道，當初首批運來台灣的老木件來自古建築橫樑，上頭斑駁刻損強烈，並不全然適用居家空間，到了第二批才真正符合需要，因此以斜拼方式運用於地板、客廳背牆，也再延伸出其它能與之合鳴的設計，整個空間的構築看似簡約低調，卻有著極其雋永的韻味。

**地板展現**

**相異拼法交錯帶出
空間紋理**

選用年代久遠的歐洲老木材於客廳地板、電視牆面，「斜式魚骨拼」的手法挾帶木材深淺色差，在日光反射下如同鑽石切面，產生目不暇給的古典紋路，襯托地板的不凡氣勢，電視主牆面則以「直木拼法」將視線引自地面，完成順暢的視覺動線。

**色彩秘訣**

上下、左右
充滿設計細節

選用比地板再深一色階的木材作為牆面選材，刻意以不做滿的高度，讓立面得以喘息，賦予下方電線收納機能。左右鋪陳到底的直木條烘托出大器、沉穩的寧靜氛圍，壁面木材遠觀看似一致，細看則能看到釘孔、鋸痕，處處展露歲月刻蝕的珍貴痕跡。

## 牆面設計

**斜雕不規則的線條，形塑立面形體交疊**

考量空間中所有元素組成皆有輕、重、緩、急之分，側邊收納牆面比起地板，則扮演「輕、緩」角色形象，以白色噴漆甲板作為櫃門，乍看規矩卻又將每個門片斜雕出不規則的線條，並大玩厚度斜切的遊戲，讓立面有形體交疊的錯覺。

## 材質運用
### 低彩度配置，
### 圍塑古典氣質

照片刻意以降低彩度的方
式呈現，但可看出每個角
落隱隱透露出的仿舊意
涵。餐桌椅選用圓形灰階
大理石畫龍點睛，讓此一
區域結合木作，紋理充滿
靈動美感。

01. 在公領域削減了牆面，讓客、餐廳能自由串接，書房也僅以玻璃牆作隔，展現開放不受限的
　　視覺；另外家人成員不多的情況下，小而典雅的圓形餐桌亦凝聚出闔家用餐的美好情調。

02.

02. 新成屋所附門板配件皆為全新使用，設計團隊在不浪費素材的考量下，選用了大圖輸出的壁紙，並以仿古式雕花門圖樣呈現，讓空間多了古典精緻的底韻。

03. 走入臥房，能感受到寧靜致遠的形塑氛圍，床頭背牆選用了內斂的實木皮一鏡到底處理，紋理雖不鮮明，卻可以看到有趣的木質結眼。

03.

case 2
———
空間設計實例解析

異材質創意組構，
打造巨形編織物的商空建築

坪數／121坪
木素材／白橡木、樺木、松木合板
其他素材／木皮、纖維布面、
　　　　　塑膠地磚
文／Jeana_shih
空間設計暨圖片提供／福研設計

座落於台中，名為「Laying Laying」是一棟透天三層樓高的商業建築，由於與國家自然科學博物館、美術館和精品店等景點為鄰，這個建築亦屬於與市民緊密聯繫的城市空間。

共121坪的使用地坪計劃作為南洋料理餐廳，設計團隊考量其顯目的地理位置，在設計上有意為地方創造特有的都市景觀，因此在建築量體上別出心裁，將屬於南國特有的風情植入設計元素之中。首先在外牆的設計就相當引人入勝，以地毯編織材質包覆二樓以上牆面，並以熱帶國家常見的茅草覆蓋冷硬的鋼樑線條作為屋簷裝飾，屋簷下的半戶外空間寬廣，充滿悠閒舒適的渡假情調。獨具創意的選材佈局與設計，亦獲得義大利A’Design室內空間和展覽設計類別設計大獎。

## 材質運用

編織地毯成為建築立面表材，
打響品牌形象

因業主計劃經營馬來西亞美食餐廳，設計團隊便以南洋風為設計核心，考量南國編織藝術盛行，因此顛覆傳統將用於地板的地毯材質使用於外牆。透過繁複、手工交錯的方式圍塑出編織語彙，且頂樓女兒牆拉高一倍，也為三樓的廚房帶來遮蔭效果，並順勢打響特有的餐廳品牌形象。

## 採光照明

**結合照明藝術，
木質紋理更為清晰明亮**

二樓用餐區的大型玻璃
落地窗擁有透視優勢，
設計師選用胡桃木皮製
成的特殊照明，展現木
皮特有的質感肌理，且
讓夜晚時街區路人從外
望入，亦能注意到照明
藝術。

**天花造型**

**木作拼板傳達**
**悠閒度假情懷**

整棟建築形體扁長，擁有寬闊的對外窗，但內部並不算寬廣，因此一樓多以景觀窗打開內外連結，室內天花的木作拼板設計乃由室外屋簷延伸至內，企圖模糊內外界線，也創造室外與戶外零距離的互動。

## 牆面設計
**落地式造型牆，
創造室內吸睛亮點**

考量客人自樓梯上來第一眼注意力，設計師在主牆面的設計表現頗具心思，運用木頭角料拼接出整面落地式造型牆，創造數大是美的景致。

01. 由外至內的入口空間，用大量深木素材、竹簍吊燈圍塑熱帶島國的南洋風情，並將出現在廚房的各式南洋香料，作為牆面、柱面上的重要裝飾，也讓民眾進一步了解屬於南洋的美食文化。

02. 化妝室位於樓梯頂端三樓獨立空間，設計團隊在此區域也賦予了南國元素，不僅延續一、二樓的草編壁面，瓦楞紙材質的吊燈與樓下木皮吊燈相呼應，創造出別致的光影效果。

03. 針對不同樓層的座位主牆面做了多元樣貌的設計。一樓模擬曼陀羅線條並以大圖輸出方式展
現繽紛場景；二樓則以木雕上色打造出別具意境的牆面裝飾。

# 8.
## Chapter

# 木×塑料材
# 空間混材設計

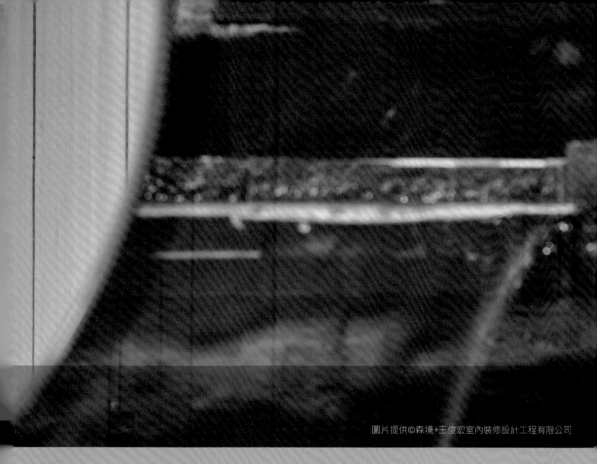

圖片提供◎森境+王俊宏室內裝修設計工程有限公司

# 特色說明 ———

## 應因時代塑料與替代材興起

原本運用於廠房、停車場的EPOXY和盤多魔等材質,隨著水泥質感的流行開始使用於室內設計當中,其耐磨耐潮的優點,在建材選購上為人們提供新的提案方向。另一方面,由於實木等天然材質價格昂貴和數量有限,因此開始著手研發替代建材,像是塑合木就是以廢棄木料打碎後加入塑料而成,不僅能改善天然材質易朽、不耐碰撞的缺點,也降低木料的使用比例與成本。

## 不同材質同色搭配展現層次

如果是大面積的鋪陳塑料材容易讓空間顯得極具人造感,較不適合空間設計使用,但因水泥質感的興起,運用盤多魔、波龍等PVC材質作為地坪成為新的選擇,這時為了調節空間的冷硬感就會搭配木皮作為改善。

# 施工工法 ———

## 這樣施工沒問題

當木與塑料做拼接時可嘗試使用同色搭配,並利用不同素材為空間打造層次。圖片提供◎石坊建築空間設計

· **木×EPOXY**

1. EPOXY施工快速,約2~3天就可完工,鋪設EPOXY時,除了木地板需拆除之外,其他地磚或大理石地坪皆可直接覆蓋鋪設。

2. EPOXY的施工方法可分「薄塗法」和「流展法」,薄塗法施工的厚度為0.3~0.5mm,多用於倉庫、辦公室等使用頻率較低的區域。居家空間等使用頻率高的地方則用流展法,施工厚度大約2~10mm。而居家空間施作厚度需至少0.2mm。

3. 施做前水泥基地必須乾透,水泥沙約需一個月左右才能完全乾透,否則鋪上EPOXY後可能會因水氣反潮,使得表面產生氣泡。

· **木×盤多魔**

1. 盤多魔的施工期約為7～8天，施作前需先整地完成，需無粉塵、碎屑才可入內鋪設。和EPOXY鋪設的條件相同，可直接覆蓋原有地坪施作，施作厚度需達到5～7mm。
2. 以類似保鮮膜的材質將固定式傢具、裝潢與木作包覆好，避免施工過程中受到污染與破壞。
3. 使用機器以砂紙經由四道手續進行拋磨作業，將地板磨出光亮與溫潤的質感。

· **木×PVC地轉**

1. 可區分「透心」和「印刷」，所呈現的花色也有所差異。透心地磚的花色較少，大部分是以石粉加上化學添加物所製成，看起來較廉價，因此多用於小倉庫居多。而印刷式的地磚花色多樣，大部分使用於商業空間。
2. 在施工前要注意地面的平整度，找出施工空間的中心十字線，鋪設第一片時，要對準中心線的垂直交錯處後開始黏貼。
3. 防潮布鋪設於所有施工處的地坪，銜接處需重疊3公分的面積；在地面均勻塗佈上膠，以特殊膠料搭配將地磚貼附於地面上，建議施作於乾燥的室內空間。

## 收邊技巧這樣做

· **木×EPOXY**

EPOXY與盤多魔在施工過程中相同是以液態的蔓延在鋪設區域，因此只能直接連接到地面。需要注意的是讓整個區域平整，在結合時才不容易有落差，而為了讓空間完整，可用踢腳板或是空間內原有的木作規劃作整合框邊。

· **木×盤多魔**

木材質與盤多魔如果想呈現細膩接合，木作與地面先留有3～5mm的伸縮縫再鋪設盤多魔即可，而如果想讓兩個材質有所區隔，相接面可用實木條、鐵條做收邊，色系則選用兩者擇一，讓收合處不顯突兀。

· **木×PVC地轉**

鋪設地磚時除了地面要清掃乾淨，與牆壁要預留約1公分的伸縮縫隙。而鋪設木紋質感的地磚若選擇對花花紋，要注意紋路是否有貼錯的情形。

# 異材質搭配規劃法則 ―――――

## 1. 尺寸配比

為了打造空間中的中性質感,且讓公私領域分別彰顯剛與柔。因此公共領域地坪選用盤多魔材質,運用到立面讓整體呈現灰色調,天花則以裸露表現個性;而私領域部分運用架高木地板區隔場域,賦予隱私空間的柔和感受。

圖片提供◎石坊建築空間設計

圖片提供◎石坊建築空間設計

## 2. 收邊技巧

地坪選用盤多魔而不是水泥粉光的原因在於地面較為平整且有著光澤，
而與胡桃木壁面銜接時留有約3mm的縫隙能避免木材受潮伸縮。

## 3. 施工工法

商用空間的入口地坪選用PVC地磚，而牆面則使用檜木，讓走入店裡即能聞到一陣芳香，而PVC地磚底邊黏貼接合於木材後方，讓整體視覺會看起來更為平整。

圖片提供©方尹萍建築設計

## 4. 造型創意

空間中使用咖啡色的波龍地毯,其
色澤在不同角度的光線下呈現不同
感受,而更特別的是將其延伸至櫃
體門片打造一致性,並運用木條收
邊營造濃厚的東方氛圍。

圖片提供◎方尹萍建築設計

case 1
──
空間設計實例解析

# 異材質打造
# 大宅高雅品味

坪數／330坪
木素材／鋼刷木皮、木地板
其他素材／古堡灰大理石、烤漆、
　　　　　鐵件、盤多魔、波龍、
　　　　　岩板
文／張景威
空間設計暨圖片提供／
森境+王俊宏室內裝修設計工程
有限公司

擁有330坪的雙拼透天別墅，原本的佈局有著採光不足的問題，因此設計師運用天窗引光，讓光線進入每個空間，並同時保有挑高視野，而多種異材搭配則突出宅邸個性。

整體空間以素雅的淺色調為主，以灰色、白色的純粹展現優雅氛圍，一樓客廳從天而降的大理石電視主牆，則串聯一、二樓立面彰顯挑高的大宅尺度；占地頗大的此案，設計師考慮到屋主喜歡招待親友到家中，將其分為日常生活區與賓客區兩大個部分，地下室的交誼區則具有起居室、接待及品酒等功能，滿足宴客需求。最後則以同一塊大理石運用在宴客客廳、一樓挑高客廳與中島吧檯上，運用相同色調及紋路，串起設計的一致性。

**地板展現**

木地板暖和
空間溫度

位於宴客區玄關旁的會客茶席，入口的石材地坪改以橡木地板作為場域劃分，也讓空間氛圍從大器變為細膩溫暖，而搭配的金屬弧型格柵則散發出幽幽的東方情懷。

**色彩秘訣**
深色木門框
凝聚焦點

品酒區的入口壁面與地坪以大器的石材展現氣勢，並使用深色木材作為門框，除了凝聚視覺焦點，更恍若走入畫作之中。

## 材質運用

**沈穩木材與
盤多魔相互呼應**

宴客餐廳壁面與地面使用盤多魔，這是一種沒有修飾的裸材，在光線的撒落下展現細膩的紋理，而因其給人較為冷冽感受，因此搭配木格柵與木頭餐椅腳提升空間暖度。

### 天花造型
**天花斜角窗
以木材質呼應典雅**

臥房上方用斜屋頂特性打
造採光窗，從上方引入光
源，且採光窗下方貼上木
皮後在光線的映照下格外
明顯，並與下方木格柵窗
呼應典雅。

01. 一樓起居客廳，有從天而降的大理石作為電視主牆，串聯一、二樓立面彰顯挑高的大器尺度，而垂墜的大型吊燈是以金屬絲線為主體，吸引目光且不顯沈重。

**03.**

二樓空間以ㄇ型透明玻璃圍欄環繞一樓客廳，減少封閉隔間之感，並將廊道打造為閱讀區，結合書牆與一旁的大書桌，加上陽光由天窗灑落，空間顯得寬敞透亮。

**02.**

主臥的天花與牆面延伸出空間的淺色優雅，床頭板置物處以鍍鈦金屬打造，與木格柵窗與空間氛圍形成衝突，打造視覺焦點；而腰部以下的空間則以溫潤的木地板與深色床具、傢具營造寧靜的舒眠氛圍。

## case 2

—— 空間設計實例解析

# 無形之形，虛實相映打造美的空間

坪數／57.6坪
木素材／栓木木皮
其他素材／壓克力棒、
　　　　　訂製人造花藝、大理石、
　　　　　鍍鈦、皮革、黑鏡、
　　　　　強化玻璃、特殊漆、
　　　　　水草、鐵件、石皮、
　　　　　訂製傢具與燈具
文／陳淑萍
空間設計暨圖片提供／
YHS DESIGN設計事業

跳脫傳統空間定義，弧形、蜿蜒的格局動線中，以鍍鈦金屬格柵取代實體隔間牆，這處一樓與地下室結合的前衛美髮美體空間，將「有形」化為「無形」，以虛實相映的設計方式呈現。接待區天花，運用壓克力材質鑲綴，如同雪花片片堆疊，當開啟燈光後也像是滿天星斗，灑落一地閃耀銀光。

　　弧形圈圍而出的理髮包廂空間內，黑鏡面為主體打造理髮座位與沖洗台，與白色大理石地坪、淺色栓木，創造視覺上清淺、濃重的明暗對比。乘著空氣感穿梭動線，循序來到一樓空間盡頭，清透玻璃牆後方一處綠意盎然的砌石流水端景，彷彿覓得陶淵明口中「林盡水源，便得一山」的桃花源之感。而一樓通往B1美體SPA區過道，則運用人造花牆，以繁花盛開景象，轉化兩處不同機能的空間氛圍。

**天花造型**

透明壓克力
打造銀光星空天花

　　跳脫制式格局的美髮、美體空間，一樓接待區與廊道，挑高的天花尺度以黑為襯底，上頭綴以透明壓克力造型棒組成的立體裝置，一條條一朵朵堆疊，當開啟燈光後就像是黑幕底下的滿天星斗，透過燈光折射，灑落一地閃耀銀光，帶來入門後的第一眼驚艷視覺印象。

## 牆面設計
### 淡雅栓木點綴
### 金色鍍鈦的低調奢華

配合蜿蜒弧形的格局動線，牆面以木作曲折做出呼應。淺色淡雅的栓木紋，上下以脫縫進退面增加壁面層次，加上垂直的線性溝紋，並搭配金色系鍍鈦金屬板作為局部的點綴裝飾。櫃台後方主牆，則是皮革繃布，以直線、斜線切割出幾何塊面，在精緻中增添活潑設計感。

## 木皮拼貼

栓木皮以直紋
X
斜刻創造變化

理髮包廂內，天花、地坪以黑白上下顏色對比，中間的立面則採直紋木肌理的木作牆，加上斜刻的溝縫創造變化。木作壁面也非四四方方，而是以曲折弧面，搭配線性分割與斜拼，同樣的設計手法，可在接待大廳的皮革繃布板上看見，作為空間裡外的元素語彙呼應。

## 材質運用
### 雙層透空的
### 金屬格柵界定空間

取代傳統實體牆面的空
間區隔，各包廂以木
作搭配金屬屏風，既能
定義每個座位區域、帶
來隱私，又不會將空間
變得狹窄封閉。雙層的
金屬格柵屏風，材質為
金屬棒製成，邊緣則以
古咖色的鍍鈦金屬板收
邊。

01. 入口圓弧櫃台是大理石檯面與格柵型式切割的鍍鈦金屬板，光澤反射的背景牆則為皮革繃布
右側花團錦簇的入口，可通往地下樓層的美體區。

02.
理髮區包廂，座位前採用明鏡、黑玻加美耐板染黑，透過材質與顏色的整合，將瑣碎化零為整，視覺看起來更俐落。包廂內部與走廊上，配置開放展示格櫃，收納深度約15公分，層板則依商品不同做出寬窄、高低變化。

03.
地下室的美體等候空間，以木材質與溫潤色調，打造喧囂城市裡的舒壓秘境。繁花盛開的壁面裝飾，木格柵排列與霧面玻璃，隱透著幽微、靜謐光線，後方則為SPA包廂。

# 9.
## Chapter

# 木×玻璃
# 空間混材設計

圖片提供©禾築設計

# 特色說明 ———

## 木與玻璃，創造冷暖平衡的和諧感

玻璃素材的清透、反射特性，能創造無壓空間，甚至還有放大空間的視覺感。有別於木材質的溫潤質樸，玻璃呈現一種較冷調、理性的素材個性，可與木質互相搭配出冷暖平衡的和諧效果。而且不像木或石材具天然毛細孔，玻璃材質表面光滑，易於清潔保養，也沒有受潮變形的問題，是經濟效益極高的建材選項。

## 製作原理差異，擁豐富裝飾及實用性

玻璃因製作原理不同主要可分為清玻璃、膠合玻璃、噴砂（霧面）玻璃、鏡面玻璃、烤漆玻璃等等。在室內設計的應用上，可用於輕隔間、壁面裝飾或作為桌面。材質的表現，除了清透或烤漆鏡面之外，玻璃還可運用膠合、夾紗，創造出若隱若現的視覺效果或風格圖紋的多元變化；另外也能透過雷射切割，將平面鑿刻出立體凹凸，裝飾性及實用性皆相當高。

# 施工工法 ———

## 這樣施工沒問題

### · 木 × 玻璃

　　運用玻璃施作的前提，首先要確認玻璃類型的挑選與厚度的設定。而玻璃厚度該怎麼決定？則須視應用於何種用途？是隔間、承重或是裝飾？譬如若要取代牆面結構，將玻璃製作成輕隔間，則需使用較有厚度的強化玻璃；若要將玻璃製成層板或檯面，底下沒有其他支撐結構的話，玻璃厚度最好挑選10mm以上，才具有承載力；若作為櫃體門片或貼附壁面的裝飾，則玻璃厚度約5mm～8mm即可。而玻璃在與其他素材搭配施工時，還需注意以下重點：

1. 玻璃成型後便不具延展性，除非拼貼處理，不然只能切小、無法變大，因此在施工之前的測量，一定要精準確認尺寸。

2. 壁面若有插座孔或螺絲孔位置，
   需在整片安裝貼附之前，事先將
   玻璃開孔完成。

3. 玻璃在進場與施工時，需小心搬
   運、注意不要碰撞，以避免邊角
   碎裂、破損。

依用途決定玻璃材質厚度，如圖下方作為桌腳支撐的玻璃，需較上櫃隔
板玻璃來得更厚，才能有較好的承載力。圖片提供◎禾築設計

## 收邊技巧這樣做

1.作為層板或門片的玻璃，以切割及研磨加工技術，可使邊緣平滑，再搭配導圓角處理，即使直接安裝使用不另做收邊，也不會銳利刮手。有時玻璃也會結合其他材質作為收邊，譬如玄關的玻璃隔屏，透過金屬或木作收邊，可更加強其整體的結構穩固性。另外，玻璃還可以膠合方式，與PVB中間膜或特殊中間材結合，讓玻璃有膠膜的黏著力，也能避免破裂時玻璃碎片四散，同時也讓玻璃樣式看起來更有變化。

2.另種以黏貼作為支撐固定方式的玻璃，譬如貼附於壁面的玻璃，或作為局部裝飾性的玻璃，在安裝時，需留意其與牆體結構表面是否水平平整，同時也要確認是否黏合的夠牢固，以確保安全性。另外，若作為廚房、衛浴壁面使用時，也會運用矽利康、修飾矽膠填縫劑，作為玻璃的防水修邊。

玻璃隔板以切割及導角研磨方式收
邊，使邊緣平滑。圖片提供◎禾築設計

# 異材質搭配規劃法則 ——————

### 1. 施工工法

書房與客廳以微帶茶灰色的玻璃為隔，使空間各自獨立又具開闊連貫性，搭配
金屬作為支撐結構，天花埋藏懸吊式軌道，大玻璃門片也能輕鬆開啟。

圖片提供©禾築設計

圖片提供© YHS DESIGN設計事業

## 2. 尺寸配比

弧形玻璃櫃,是由3片淺茶色的清透玻璃所組成,平面處為兩片可開啟的絞鍊玻璃門;左側圓弧玻璃則與櫃體固定牢合,整體玻璃厚度約8mm左右,以木工打板、丈量弧形,再製作測試安裝。

## 3. 造型創意

搭配空間的倒L線性造型，作為客廳書房隔間之用的玻璃拉門，同樣
以垂直、水平堆砌出和諧對稱的線性框架，在清玻璃的通透之中，
也能有鮮明的空間層次感。

## 4. 收邊技巧

玄關到客廳之間，黑色鑲邊的茶色玻璃屏風，下方與客廳的矮石平檯與木櫃結合，隱微做出內外範疇分野。再往內的餐桌兼閱讀區，則以木作搭霧面玻璃，打造兼具透光與收納功能的隔間櫃。

圖片提供◎禾築設計

case 1
——
空間設計實例解析

當理性遇上感性，
線條與圓弧的動靜演出

坪數／31坪
木素材／栓木木皮、實木格柵
其他素材／霧鄉色漆面、茶色玻璃、
　　　　　鍍鈦金屬、金屬美耐板、
　　　　　白色人造皮革
文／陳淑萍
空間設計暨圖片提供／
YHS DESIGN設計事業

為了讓居家氛圍明亮溫馨，空間選用屋主偏好的木素材為底，以顏色與紋路較為清淺的栓木，鋪陳出溫暖柔和的原木客廳主牆，並以企口溝縫作為裝飾，製造出立面的深淺層次，讓單純的木牆也能成為家的一道美麗風景。搭配素雅的霧鄉色調，整體空間流露出淡淡典雅氣息。

　　線條的交織串起空間的連續性，除了壁面線性溝縫之外，還包括主牆與櫃體運用細木格柵、鍍鈦金屬收邊條，以垂直、水平縱橫交織；另一種線條趣味，則表現在沙發背牆上，拼接皮革以活潑的斜線呈現。另外，茶色玻璃展示收納櫃，圓弧造型消弭了的尖銳感，同時也以「圓」中和空間中大量的「直線」，有效舒緩線性帶來的冷硬，讓空間在個性與柔和的律動對比中，增添幾許設計趣味。

**材質運用**
圓弧形玻璃
軟化視覺調性

配合空間中木質與霧鄉色調，展示收納櫃以微帶暖色的茶玻打造，藉由清透材質減輕量體的厚實感，同時圓弧造型亦消弭了尖銳，讓空間視覺自然能放軟。玻璃層櫃的立柱與層板，採用古銅色金屬飾條點綴，與一旁的鍍鈦金屬收邊玻璃屏風，明亮質感互為呼應。

## 牆面設計
### 皮革拼接沙發背牆
### VS.
### 廊道端景牆

沙發背牆皮革，透過斜切式拼接增添活
潑感，邊緣則採用與電視主牆相同的
栓木皮收邊；而通向私領域的廊道底
端，則是更衣間暗門，將空間中的企口
溝縫語彙貫穿，並以不同大小的圓形排
列組合，上頭裱織紋繃布美化，成為延
伸視覺景深的廊道端景。

## 天花設計

**線性切割與格柵裝飾，
強化設計整體性**

為收整樑體，天花以客、餐廳、過道等不同空間為單位，切割出高
低深淺不同的層次塊狀面。天花塊面的邊緣，以溝縫提點細節，從
而呼應公共區域的線條語彙。過道處運用與櫃體相同的格柵元素，
作為天花銜接處的裝飾，強化設計的整體性，增添立面變化。

## 木皮拼貼
**直紋橫紋變化與
雙色搭配**

兩間小孩房的木皮皆以栓木染深，門片採用雙色處理搭配（靠內部為染深栓木，靠外部則與公共區域相同的淺色栓木）。立櫃與矮櫃門片以直木紋呈現，抽屜面板與書桌桌面，則改為橫木紋方向。衣櫃與書桌格櫃的邊緣立柱，運用略帶反射光澤的美耐板金屬飾條收邊，突顯整體風格的年輕化與鮮明個性。

01. 餐廚空間以白色與淺栓木兩種顏色搭配，天然的木紋展現質樸親切、素雅的白則帶來俐落潔淨感。白色吧檯與木質大桌方便料理使用，在這裡能放鬆的大展廚藝，與家人分享溫馨的飯菜香。

**02.**

公共區以金屬美耐板作為踢腳板材質，藉由金屬反射光澤，提升室內的明亮質感。而臥房則為柔和睡寢氛圍考量，踢腳板為木材質。

**03.**

衛浴牆面與淋浴區地坪，採用相同的仿石紋大理石磁磚，相對壁面的平滑觸感，地坪的大理石以霧面處理，並透過切割，增加地坪的防滑效果；而洗手台與浴缸檯面，則為鑽石水晶大理石。

case 2
───
空間設計實例解析

# 線條律動，空間中凝固的音色

坪數／45坪
木素材／超耐磨木地板、
　　　　木皮鋼刷自然拼、
　　　　橡木實木
其他素材／茶色強化安全玻璃、
　　　　　手作特殊塗料、
　　　　　粉體烤漆金屬、
　　　　　橄欖啡大理石、
　　　　　秋海棠大理石、
　　　　　進口歐製五金
文／陳淑萍
空間設計暨圖片提供／禾築設計

房子的一側臨著大面開窗，山的輪廓、城市影像清晰可見。書房與客、餐廳之間以玻璃為隔，利用通透材質讓視線無礙，並援引窗景光線分享至房屋內側，空間各自獨立又連貫一體，呈現清朗開闊氣韻。壁面與櫃體則以木材質、玻璃、鐵件，透過垂直線性分割，擘劃出視覺韻律感；而餐廳空間則因應大樑結構，創造出高低、曲折的天花塊面變化，搭配線形燈光配置，將視覺焦點匯聚至木質大餐桌之上，讓這裡成為親子共餐、訪客聊天討論的生活中心。

整體空間色調降低了彩度，在沉穩洗鍊的莫蘭迪色中，運用局部跳色與鮮明傢具搭配，幾抹綠意與鮮紅在和諧、理性之中，點綴了活潑、感性的色彩層次，給人眼睛一亮的振奮，彷彿靜謐中的逸動音色，輕盈敲醒都市人的心。

### 材質運用
**玻璃屏風透光不透影的隱約之美**

玄關旁的屏風，可避免視線直穿房屋內部，玻璃屏風經特殊處理，呈現透光卻不透影的效果。邊框以金屬收邊並強化結構，下方搭配實木層板，帶來溫潤自然氣息，可做為展示平台，也是入門後實用的置物處。

**色彩秘訣**

冷暖動靜之中，
取得色彩平衡

以沉穩色彩詮釋的空間，包括灰色櫃面、茶色玻璃隔屏以及略帶淺灰的木質地板，運用低調、和諧的色彩鋪底，並在素雅中點綴著鮮明色彩層次，如書房量身訂製的懸吊矮櫃，綠色烤漆為空間注入一股清新；客廳搭配紅色皮製單椅，在理性與感性、冷暖與動靜之中，取得平衡。

## 牆面設計

經緯交織，是收納
亦是空間端景

客廳沙發旁的立面，挖鑿出內縮的櫃體空間，格櫃內嵌入金屬、搭配玻璃層板，營造櫃體視覺上輕重的變化。櫃體上下並以金屬飾條垂直延伸，線條俐落細緻，與輕薄的金屬書桌風格互為呼應。而L型轉折延伸的木質層板，則與金屬線條經緯交織出美型收納端景。

**天花造型**

3D造型的
塊狀曲折天花

為因應餐廳空間的大樑結構,也避免因包覆樑體而壓縮空間,天花板透過不同高低、不同角度傾斜,以木作打造出曲折的塊狀面,成為隱化樑體、結合照明與空調的3D造型天花。三條線形的溝縫照明,向內匯聚於木質大餐桌之上,讓此處成為視覺焦點,也成為凝聚家人的生活中心。

01.
玄關採用大理石地坪作為入門處的落塵區,與內部的木質地板銜接、分出裡外。玄關櫃的櫃體門片,使用色澤較沉穩的清水模質感,創造出一方靜謐。

02.
中島茶水區緊鄰餐桌,在這裡能與餐座上的家人一邊聊天、一邊料理輕食。靠牆櫥櫃捨棄系統吊櫃的封閉式收納,改以木質層板搭配間接照明,讓餐廚空間機能與美型兼具。

03.

茶色強化玻璃隔間的書房，輕盈透亮的光影灑落，成為空間最美裝飾。設計師以實木訂製出三角書桌，流暢弧形取代四方造型，免去桌角影響動線的困擾。其旁的懸吊矮櫃，邊緣綠色木作烤漆吊櫃、上頭搭配實木層板，為空間注入一室清新。

04. 主臥背牆的特殊壁紙，讓空間背景像是一幅暈染畫作。橡木材質的床架與筒形床頭矮櫃，營造自然、無壓睡寢氛圍。

Material 008

# 木混材設計聖經：

木種選用 X 工法施作 X 空間創意，木與多種材質混搭應用提案

作　　者｜漂亮家居編輯部
責任編輯｜李與真
文字編輯｜施文珍、陳淑萍、張景威、李寶怡、劉真妤
封面 & 美術設計｜黃畇嘉
行銷企劃｜廖鳳鈴

發 行 人｜何飛鵬
總 經 理｜李淑霞
社　　長｜林孟葦
總 編 輯｜張麗寶
副總編輯｜楊宜倩
叢書主編｜許嘉芬

出　　版｜城邦文化事業股份有限公司 麥浩斯出版
地　　址｜104 台北市中山區民生東路二段 141 號 8 樓
電　　話｜02-2500-7578
E-mail｜cs@myhomelife.com.tw
發　　行｜英屬蓋曼群島商家庭傳媒股份有限公司城邦分公司
地　　址｜104 台北市民生東路二段 141 號 2F
讀者服務專線｜0800-020-299（週一至週五 AM09:30 ～ 12:00；PM01:30 ～ PM05:00）
讀者服務傳真｜02-2517-0999
E-mail｜service@cite.com.tw
訂購專線｜0800-020- 299（週一至週五上午 09:30 ～ 12:00；下午 13:30 ～ 17:00）
劃撥帳號｜1983-3516
劃撥戶名｜英屬蓋曼群島商家庭傳媒股份有限公司城邦分公司

香港發行 城邦（香港）出版集團有限公司
地　　址｜香港灣仔駱克道 193 號東超商業中心 1 樓
電　　話｜852-2508-6231
傳　　真｜852-2578-9337
電子信箱｜hkcite@biznetvigator.com

馬新發行｜城邦 ( 馬新 ) 出版集團 Cite (M) Sdn Bhd
地　　址｜41, Jalan Radin Anum, Bandar Baru Sri Petaling,
　　　　　57000 Kuala Lumpur, Malaysia
電　　話｜603-9057-8822
傳　　真｜603-9057-6622

製版印刷｜凱林彩印股份有限公司
版　　次｜2019 年 4 月初版一刷
定　　價｜新台幣 450 元